Knaur.

Knaur.

Susa Bobke
mit Shirley Michaela Seul

AUCH EIN MANN BLEIBT MANCHMAL LIEGEN

Profitipps vom Gelben Engel

Knaur Taschenbuch Verlag

Besuchen Sie uns im Internet:
www.knaur.de

FSC
www.fsc.org
MIX
Papier aus verantwortungsvollen Quellen
FSC® C014496

Originalausgabe Juli 2012
Knaur Taschenbuch

Ein Unternehmen der Droemerschen Verlagsanstalt
Th. Knaur Nachf. GmbH & Co. KG, München

Umschlaggestaltung: ZERO Werbeagentur, München
Umschlagabbildung: FinePic®, München
Bildnachweis: Alle Abbildungen Privat außer: S. 25 Subaru; S. 54 ADAC / TechnikZentrum Landsberg;
Illustrationen: Claudia Jansen
Satz: Adobe InDesign im Verlag
Druck und Bindung: GGP Media GmbH, Pößneck
Printed in Germany
ISBN 978-3-426-78527-0

2 4 5 3 1

Dieses Buch ist all jenen Maschinen gewidmet,
die brav tun, wofür sie gebaut wurden,
und denen nicht mit der angemessenen Achtung
begegnet wird.

INHALT

SUCHEN & FINDEN: IN FAHRT KOMMEN

»Äh, ich finde ihn nicht.«
Neben der geöffneten Fahrertür des Saab Cabrio kniete ein gut gekleideter Mann Mitte dreißig. Seine Haare waren gegelt, er roch nach Herrenparfüm. Obwohl sein anthrazitfarbener, matt schimmernder Anzug teuer aussah, berührte sein linkes Knie den feuchten Asphalt, während er im Fußraum herumnestelte.
»Er muss da sein!« Die Stimme des Mannes klang verzweifelt.
Im novembrigen Nieselregen vorne an der Motorhaube stehend, enthielt ich mich eines Kommentars. Ein Dutzend Autos fuhr an uns vorbei. Viele Gesichter wandten sich neugierig zu der knienden Gestalt am Straßenrand. Eine weitere Minute verging. Dann hörte ich es stöhnen. Ein rasender Lieferwagen spritzte den Mann nass. Er tat mir ein bisschen leid, aber er hatte es so gewollt. »Ich mach es selber«, hatte er auf mein Angebot, ihm zu helfen, erwidert.
»Mehr links und weiter vorne«, wies ich ihn an.
»Da ist nichts«, sagte er.
»Doch«, behauptete ich.
»Jetzt!«, rief er. »Jetzt hab ich ihn.«
»Ziehen«, empfahl ich.
Es klackte. Die Motorhaubenentriegelungsfeder entspannte sich. Ich schob meine linke Hand in den Spalt zwischen Kühlergrill und Klappe, wo ich nach dem Fanghaken tastete. Dann öffnete ich die Motorhaube. Jetzt waren wir drin.

Die meisten Menschen öffnen ihr Fahrzeug an den für sie vorgesehenen Türen ohne Probleme. Auch das Öffnen des Tankdeckels klappt meistens reibungslos, wenn man herausgefunden hat, wie es geht. Genauso ist es beim Taster des Kofferraumschlosses. Mit einem Auto haben wir noch weitere Räumlichkeiten gekauft – und womöglich teuer bezahlt. Ein Auto besteht nicht nur aus einer Fahrgastzelle. Da gibt es eine Menge mehr zu entdecken. In Ihrer Wohnung haben Sie bestimmt auch Räume, in denen Sie sich lieber aufhalten als in anderen. Sie werden die weniger frequentierten Räume dennoch hin und wieder aufsuchen. Mal nach dem Rechten sehen, anstatt sie komplett zu ignorieren. Damit es kein unschönes Erwachen gibt, wenn der Schimmel aus dem Keller, mit dem man nichts zu tun haben wollte, nach oben wächst. Beim Auto hingegen sind die meisten froh, wenn es einfach fährt. Schnell weg!

Dieses Buch soll eine Einladung in alle Räume Ihres Autos sein. Vielleicht kennen Sie sie schon, vielleicht wollten Sie bislang nichts von ihnen wissen, womöglich haben Sie sogar Angst vor dem Unbekannten? Es ist so wie überall sonst auch: Was wir begreifen können, jagt uns weniger Schrecken ein.
Viele Menschen wollen gerne was am Auto machen, aber dann fehlt doch immer irgendetwas. Eine Info, ein Schraubenzieher, das Radkreuz – und das entmutigt sie. Schade, denn die Erste Hilfe am Auto kann viel Spaß machen! Genau das möchte ich mit diesem Buch gerne zeigen.
Seit fast zwanzig Jahren bin ich als Gelber Engel auf Bayerns Straßen unterwegs. In dieser Zeit habe ich bei rund zwanzigtausend Pannen geholfen. Die Erfolgsquote der Gelben Engel liegt bei über 80 Prozent. Natürlich gibt es zahlreiche Pannen, bei denen die Kompetenz von Fachleuten unverzichtbar ist. Doch die Erfahrung zeigt, dass sich viele auch teure Schäden vermeiden ließen, wenn man sich ein wenig besser auskennen, einen Blick über den Tellerrand, das Armaturenbrett hinauswerfen würde. Dann müsste man sich auch nicht selbst bezichtigen, wie ich es immer wieder erlebe.

Die Schuldfrage

»Ich bin schuld!«, schrie mir die Frau gegen den knatternden Lärm ihres Autos entgegen. »Ich hätte schon lange nach dem Öl schauen sollen! Jetzt habe ich einen Motorschaden.«

Dass nicht der Motor, sondern der Auspuff auf der Straße lag, übersah sie in ihrer Schuldverstrickung großräumig. Wie viele meiner Kunden hatte auch sie einen Schwarzfahrer an Bord, der die Freude am Fahren trübt: das schlechte Gewissen. Ja, wenn man bloß wüsste, welcher Deckel der richtige ist. Und ob der Stab dann ganz reingesteckt wird oder nur halb und dann gedreht?

Es wird schon noch gehen. Ja. Geht noch. Morgen, nächste Woche, und bald ist eh der Kundendienst fällig. Dennoch wäre es vorteilhaft zu wissen, was das Aufleuchten der Öllampe bedeutet. Meldet die sich rechtzeitig, wenn der Ölstand zu niedrig ist, oder erst zwei Sekunden, bevor der Motor das Zeitliche segnet?

Unangenehmes wird gern weggeschoben. Dieses Verhalten ist menschlich. Dabei kann Ölstand prüfen so schön sein! Der ölige Lappen, an dem man den Stab abgewischt hat, führt erfahrungsgemäß zu einem blütenreinen Gewissen – wenn das Schwarze Gold noch reichlich fließt.

Öl kontrollieren und auffüllen ist das eine, Öl wechseln das andere. Letzteres ist bei Fachleuten und draufgängerischen Laien mit umweltbewusster Ausrüstung in den besten Händen. Ein Ölwechsel in freier Natur ist ohnehin aus der Mode gekommen. Auch die Fahrzeuge haben sich in den letzten Jahren stark verändert. Früher waren sie so gebaut, dass noch sehr viel selbst repariert werden konnte von denjenigen, die Lust darauf hatten und sich die Zeit dafür nehmen wollten. Heute hängt vor den meisten Motoren ein Schild, das Unbefugten den Zutritt verwehrt. Das Schild besteht aus Plastik und muss aufwendig entfernt werden, ehe man überhaupt einen Blick auf das Herz des Autos werfen kann. Viele Fehler sind mit dem menschlichen Auge gar nicht mehr zu erkennen, der Computer des Diagnosegerätes findet sie. So schrumpft die Erste Hilfe, die Autofahrerinnen und -fahrer ohne großen Aufwand selbst leisten können – und passt endlich in ein Buch.

Manchmal sagt jemand zu mir: »Ich halte einfach pünktlich meine Inspektionstermine ein, dann passiert schon nichts.«
Wenn Sie genauso denken, sollten Sie das bitte mit dem für Ihr Revier zuständigen Marder besprechen. Womöglich beißt er am Tag nach der Inspektion zu – was je nach Art der Bissverletzung zu einer überhitzten Zylinderkopfdichtung, einer abgerissenen Antriebswelle oder einem kaputten Katalysator führen kann. Kommt teuer. Billiger wäre es gewesen, hin und wieder die Motorhaube zu öffnen und mal zu gucken: Ist da noch alles an seinem Platz, sieht alles noch gesund aus? Was wofür der richtige Platz ist, erfahren Sie ebenso in diesem Buch, wie auch die Frage der Zuständigkeiten geklärt wird. Bestimmt haben Sie schon einmal die Batterien an einer Fernbedienung gewechselt. Womöglich tauschen Sie auch hin und wieder einen vollen Staubsaugerbeutel gegen einen leeren, füllen Salz in die Geschirrspülmaschine und säubern das Flusensieb der Waschmaschine. Da denkt man nicht drüber nach, das macht man einfach en passant.
Aber am Auto rummachen? Ich bin doch kein Fachmann, keine Fachfrau. Das müssen Sie genauso wenig sein, wie Sie Ihren Staubsauger zum Beutelwechseln zum Fachhändler bringen. Der ihn dann womöglich an den Hersteller schickt. Wochenlang ohne Staubsauger ist meiner Meinung nach leichter zu ertragen als wochenlang ohne Auto.
Viele große Fehler fangen ganz klein an. Wer den Staubsaugerbeutel nicht wechselt, riskiert einen Staubsaugerinfarkt. Wer sein Auto im Bikini in den Winter schickt, braucht sich nicht wundern, wenn es an einer Lungenentzündung stirbt. Auch wenn den gan-

zen schönen, langen Sommer nichts passiert ist – sobald es draußen kalt wird, friert das gegen Frost ungeschützte Kühlwasser ein. Das hält der stärkste Motor nicht aus, selbst wenn sein Wille, bis zum nächsten Kundendienst durchzuhalten, groß ist. Gegen Naturgesetze kommt er in diesem Fall nicht an. Er wird einfach gesprengt.

Es würde sich also lohnen, den Deckel, sprich die Motorhaube zu öffnen und mal einen Blick zu wagen. Das spart nicht nur Geld und verhindert überflüssige Reparaturen. Es macht auch ein gutes Gefühl, vertraut zu sein mit einigen Handgriffen und Zusammenhängen. Wo fülle ich das Öl ein und wo das Kühlwasser? Man bietet seinem Auto quasi das Du an. Möchtest du noch einen Schluck? Prost! Begegnet sich auf Augenhöhe und kann einen Schaden frühzeitig abwenden oder kleinere Probleme selbständig lösen. Und wenn Sie mit einem großen Problem in die Werkstatt fahren, können Sie feststellen, dass Sie dort anders behandelt werden. Man merkt es Ihnen an, dass Sie sich mit Ihrem Auto gut verstehen. Dass es Ihnen nicht egal ist und Sie begreifen möchten, was warum wie ist. Es liegt nicht unbedingt an der Arroganz Ihres Auto-Hausarztes, wenn er bisher eher wortkarg mit Ihnen kommunizierte. Sie könnten ihm den Eindruck vermittelt haben, seine Praxis würde Ihnen am Außenspiegel vorbeigehen. Hauptsache, der Wagen fährt. Wenn Sie dieses Buch gelesen haben, werden Sie in der Werkstatt anders behandelt und können sich noch mehr an Ihrem wunderbaren Gefährt erfreuen.

Was passiert da eigentlich im Dunkeln zwischen Tankdeckel und Rädern? Diesel, Benziner, Gas oder Elektroauto – wieso zeigt der Drehzahlmesser 1000 Umdrehungen an, während die Räder stillstehen. Geht das mit rechten Dingen zu? Stimmt es, dass da vorne ständig etwas explodiert? Wie kann es sein, dass sich die Kolben in der Sekunde zweihundert Mal bewegen und ich nichts davon merke? Verdient ein Kolben Achtung für diese Leistung, oder soll ich ihn bemitleiden? Viele Autobesitzer kümmern sich leidenschaftlicher um Sound und Bestückung ihrer Musikanlage als um die Grundfrage, warum ihr Auto fährt … Dreißig Radiosender zu programmieren – kein Problem! Vor allem, wenn man zuvor die Bedienungsanleitung studiert hat.

Helden lassen sich helfen: Die Bedienungsanleitung

Dingdong meldete das Display in meinem Gelben Engelmobil meine nächste Panne. An diesem Samstagvormittag im Mai, Ferienbeginn in Bayern, war das Pannenaufkommen sehr hoch. Die Einsatzzentrale des ADAC versorgte uns Gelbe Engel, die wir zu rund 1700 auf deutschen Straßen unterwegs sind, fleißig mit Arbeit. Vom übergekochten Kühler bis zum Reifenwechsel, vom abgerissenen Auspuff bis zur amoklaufenden Diebstahlwarnanlage war alles geboten. Und an den Autos hängen ja Angehörige dran, die manchmal in noch einem bedauernswerteren Zustand als ihre Schutzbefohlenen sind. Eine Autopanne ist für viele Menschen ein Schreck, ein Ausnahmezustand ist sie immer. Wenn das Auto kaputt ist, geht es dem Besitzer gar nicht gut.

Meine Strecke führte mich nach Oberstdorf, und ich genoss die Fahrt. Mein Patient, ein schlammfarbener Audi Q7, stand auf dem Gelände einer Tankstelle in der Nähe der Fußgängerzone, wo sich an diesem Nachmittag viele Feriengäste tummelten und in den Souvenirläden ethnologische Kostbarkeiten direkt vom Eingeborenen erstanden: Gamsbarthüte, Wanderstöcke, Kniebundhosen. Herr Eggerstörfer, dem ich meine Ankunft vor drei Minuten telefonisch angekündigt hatte, wartete neben seinem Wagen. Er war um die sechzig Jahre alt und trug ein kariertes Jackett über einer braunen Hose.

Mit einem Hieb auf das Display bestätigte ich meiner Zentrale die Ankunft am Pannenort und verließ mein Engelmobil.
»Na endlich! Das hat ja ewig gedauert.«
»Grüß Gott«, sagte ich.
»Ja, ja, guten Tag«, knurrte Herr Eggerstörfer.
»Tut mir leid, dass Sie warten mussten.«
»Ich stehe seit zwei Stunden hier.«
Ich erinnerte mich an den Eintrag im Display. Vor einer knappen Stunde hatte sich Herr Eggerstörfer bei der Pannenzentrale gemeldet. Die gefühlte Wartezeit ist immer länger als die tatsächliche. Außerdem wusste ich nicht, wie lange Herr Eggerstörfer sich über die Funktionsuntüchtigkeit seiner mobilen Geldanlage geärgert hatte, ehe er den ADAC um Hilfe bat.
»Wir haben hier Ferienbeginn«, erklärte ich freundlich.
»Und mein Urlaub ist zu Ende. Ich will nach Hause.«

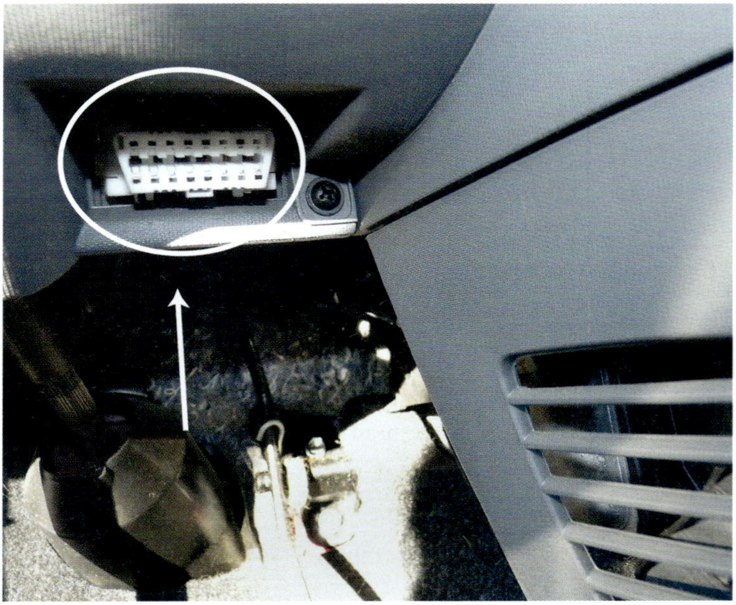

Abb. 1: OBD-Steckdose

»Was kann ich für Sie tun?«
»Ich muss tanken, aber die Tankklappe geht nicht auf. So was darf doch nicht passieren! Ist die verklemmt? Oder liegt es an der Elektronik?«
Ich nickte »Schon möglich« und bat um die Bedienungsanleitung.
»Die Bedienungsanleitung! Ach Gottchen, das kann ja heiter werden. Sie kennen sich ja hervorragend aus!«
Ich schaute Herrn Eggerstörfer streng an und versuchte mich eines Kommentars zu enthalten. Unwillig holte er die edle Ledermappe mit der zehnbändigen Bedienungsanleitung aus dem Handschuhfach. Nachdem ich ein paar Minuten geblättert und gesucht hatte, fand ich unter *Notöffnung der Tankklappe* eine Zeichnung. Ich klappte den Kofferraum auf und bat Herrn Eggerstörfer, sein Gepäck etwas zur Seite zu schieben, damit ich den rechten Seitendeckel der Innenverkleidung öffnen konnte. Mürrisch räumte er zwei sperrige Designerkoffer auf die Straße und ärgerte sich sichtlich, weil ihre Rollen dabei beschmutzt wurden. Aus dem Kofferraum hätte man ohne weiteres essen können.
Hinter dem Seitendeckel befand sich, wie ich der Zeichnung entnommen hatte, eine Schlaufe, an der ich zog. *Plopp* hörte ich die Tankklappe aufspringen. Ein schönes Geräusch, wie ich fand. Herr Eggerstörfer teilte meine Freude nicht. Mit herabgezogenen Mundwinkeln musterte er die schlichte Vorrichtung. Ein Plastikring mit einem Schnürchen. Da hatte er andere technische Raffinessen in den Tiefen seines Kofferraums erwartet. Um ihn zu besänftigen, schloss ich meinen Laptop an die OBD-Steckdose (On-Board-Diagnose) im Fahrerfußraum an und suchte im Dschungel der vielen Steuergeräte nach einem abgelegten Fehler.
Seit dem Jahr 2000 muss jedes Fahrzeug über eine Schnittstelle verfügen, an der mit einem Computer Fehler ausgelesen werden können. Über diesen Stecker wird übrigens auch der Kilometerstand eines Fahrzeugs verjüngt. Je nach Modell und Hersteller

kann ich mehr oder weniger viele Fehler auslesen. Hier fehlte der Fehler. Zumindest ein solcher, den ich mit meinen Bordmitteln hätte identifizieren können. Tanken konnte Herr Eggerstörfer nun aber trotzdem wieder.
»Hm«, brummte er und brauste zehn Minuten später Richtung Heimat. Obwohl ich ihm geholfen hatte, war ich in seiner Achtung nicht gestiegen. Ein Zufallserfolg aus seiner Sicht, ein Kompetenzfehler aus meiner.

Wer wirklich effektiv und effizient weiterkommen möchte, befragt seine Gebrauchsanweisung. Sicher kann man viel herumprobieren. Jeder Handwerker und interessierte Laie kennt die Folgeschäden, die entstehen, wenn man einfach mal kräftig hinlangt. Klar kann man auch Glück haben und den Deckel des Handys nicht zersplittern beim Versuch, den Akku zu wechseln, aber ein planvolles Vorgehen ist der bessere Weg.

Haben Sie schon mal die Gebrauchsanweisung Ihres Autos durchgelesen? Diese Lektüre möchte ich Ihnen ans Herz legen! Mit der Gebrauchsanweisung klären Sie Fragen wie: Wechseln einer Glühbirne, Schließen des Schiebedachs oder Verdecks bei Ausfall der elektrischen Funktion, Aufenthaltsort von Ersatzrad, Abschlepphaken, Crashschalter und viele weitere modellabhängige Überraschungen. Sollten die Unterlagen unauffindbar sein, ist das Internet eine erfolgversprechende Börse. Oder Sie fragen in einer Fachwerkstatt nach. … Oder in einem Übersetzerbüro.

Mein Auto spricht nur Spanisch

Kürzlich schleppte ich ein Auto mit Kupplungsschaden, das ich auf der Straße nicht reparieren konnte, in eine Werkstatt. An der Kundenannahme, wohin ich meinen Havaristen, wie Liegengebliebene in der Gelben-Helfer-Szene bezeichnet werden, begleitete, wurde heftig diskutiert. Was ich zuerst für eine Reklamation hielt, stellte sich als Wortfindungsquiz heraus. Ein Mechaniker wollte einen Kundendienst bei einem VW Polo durchführen, doch der Serviceplan war in italienischer Sprache verfasst.
»Können Sie zufällig Italienisch?«, wurde ich in die Runde aufgenommen.
Ich ließ mein verstaubtes Latinum unter den Tresen fallen. »Ein bisschen.« Unsere zusammengetragenen Urlaubsbrocken reichten aus. Sogar mein Kunde mit dem Kupplungsschaden beteiligte sich und wirkte schon nicht mehr so geknickt. Diese Erfahrung habe ich oft gemacht: Was mit Italien zusammenhängt, verbreitet gute Laune.

Ein anderes Mal begegnete mir in Hintereinöd eine spanische Bedienungsanleitung. Die hochbetagte Besitzerin des liegen gebliebenen Wagens hatte vor langer Zeit mal einige Wochen in El Salvador verbracht. Beim gemeinsamen Versuch, die Textstellen über die Klimaanlage zu übersetzen, wurden ihre Wangen rosig, und beim Abschied teilte sie mir mit: »Ich fang jetzt noch mal mit Spanisch an. Gleich morgen früh melde ich mich bei der Volkshochschule. Man muss sein Hirn doch in Schwung halten.«
»Sí, señora comandante!«, grinste ich und staunte dann nicht schlecht, als mich die Dame mit einem augenzwinkernden »Hasta la vista, Baby« verabschiedete.

Auto-Abc

Nicht nur Fremdsprachen bedürfen der Übersetzung, auch die Verortung des Autos in Raum und Zeit:
Herr Schump ruft seine Frau an: »Schatz, wo ist denn in deinem Auto die Batterie? Ich habe das Licht brennen lassen und brauche eine Starthilfe.«
Würde sie antworten »Hinten rechts im Kofferraum«, würde Herr Schump sie sofort finden. Wäre die Batterie vorne links im Motorraum untergebracht, gäbe es sehr wahrscheinlich Verwirrung, weil Frau Schump sich erinnern würde, wie sie damals vor dem Wagen stand und der nette Mann vom ADAC den Plastikdeckel vorne rechts aus dem Motorraum entfernte.

Da Autos beweglich ins Universum eingebettet sind, hat man sich darauf verständigt, dass ihre Ausrichtung nach vorwärts stattfindet. Alles wird aus der Perspektive des Fahrers gesehen. Und so heißt es denn: in Fahrtrichtung links oder rechts, so wie wir es von der Deutschen Bahn kennen. Des Weiteren benennt man die einzelnen Abschnitte des Autos von vorne nach hinten:
Motorraum, Wasserkasten mit Spritzwand, Innenraum oder Fahrgastzelle, Heck, Fond oder Kofferraum. Vor und hinter den Türen sind Längsstreben eingebaut, die von vorne nach hinten A-, B- und C-Säule genannt werden. An der B-Säule sind üblicherweise die Anschnallgurte für die vorderen Sitze angebracht.

Die Ausweispapiere: Der Kfz-Schein

Wer mit seinem Auto länger als seit Oktober 2005 zusammen und seitdem nicht umgezogen ist, besitzt noch einen alten weißen Fahrzeugschein, auf dem neben dem Geburtsdatum des Fahrzeugs

Abb. 2: Auto mit Bezeichnungen A-B-C-Säule

und weiteren Informationen auch das Geburtsdatum des Halters vermerkt ist. Alle anderen sind mit dem grünlichen EU-Fahrzeugschein unterwegs. Während der Fahrzeugschein bei einer polizeilichen Verkehrskontrolle gern eingesehen wird und mitzuführen ist, bewahrt man den Fahrzeugbrief am besten zu Hause auf. Schein und Brief sind nicht zu verwechseln, da der Schein deutlich kleiner ist. Gelegentlich wird man um bestimmte Auskünfte über sein Fahrzeug gebeten. Zum Beispiel kann sich eine Werkstatt telefonisch erkundigen, um beim verabredeten Termin die benötigten Teile auf Lager zu haben, die sie zuvor bestellen möchte. Dafür braucht sie genaue Informationen, die im Fahrzeugschein vermerkt sind.

Nachfolgend erkläre ich kurz die wichtigsten Daten und wo sie im Kraftfahrzeugschein zu finden sind.

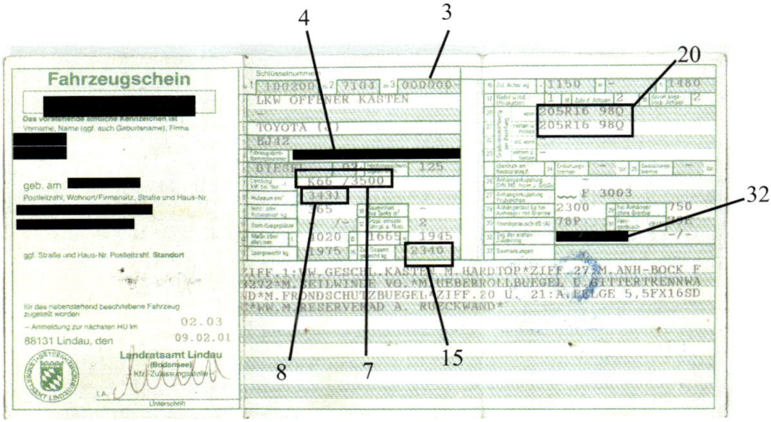

Abb. 3: Kfz-Schein alt

Alter Schein:

Deckblatt: Autokennzeichen und Halteranschrift

Auch der erste TÜV-Eintrag steht auf dem Deckblatt, alle weiteren werden auf der Rückseite eingetragen.

Schlüsselnummern in der obersten Zeile:

Unter 3 die sogenannte TSN: Typenschlüsselnummer, über die das Fahrzeug zugeordnet wird.

Unter 4 Fahrgestellnummer: Sozusagen die Personalausweisnummer, die nur dieses eine Auto hat und die auch in die Karosserie eingestanzt ist. Schön, wenn beide übereinstimmen.

Unter 7: Leistung in Kilowatt, früher anschaulicher in PS, Pferdestärken, ausgedrückt: 1 kW = 1,36 PS.

Unter 8: Hubraum in cm^3. Danach wird das Fahrzeug in Deutschland besteuert. Jeweils 100 Kubikzentimeter kosten – abhängig davon, ob Diesel, Benziner, mit oder ohne Feinstaubfilter und Katalysator – einen bestimmten Betrag.

Unter 15 zulässiges Gesamtgewicht: So viel darf das Auto voll beladen wiegen.

Unter 20 Bereifung: Hier sind die erlaubten Reifengrößen verzeichnet.

Unter 32 Zulassung: Datum der Erstzulassung.

Im Textfeld darunter können zusätzlich Felgengrößen oder Sonderausstattungen eingetragen werden.

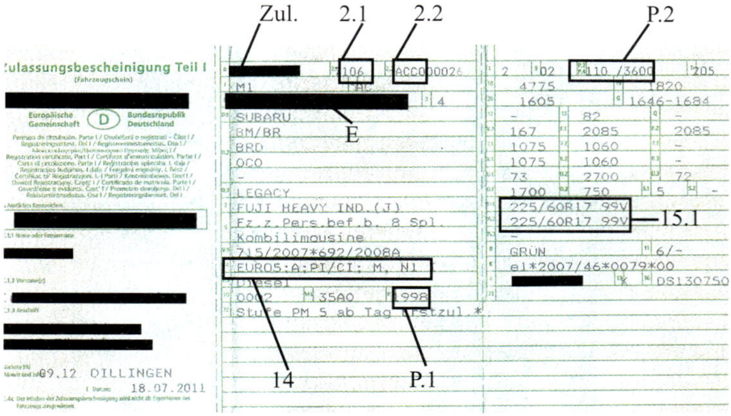

Abb. 4: Kfz-Schein neu

Neuer Schein:

Deckblatt: Kennzeichen und Halteranschrift

Obere Zeile: B: Tag der ersten Zulassung,

2.1: Schlüsselnummer zu 2

2.2: TSN (Typenschlüsselnummer)

E: Fahrgestellnummer

14: Schadstoffklasse, welche Plakette

P.1: Hubraum

P.2: Leistung in kW / bei Motordrehzahl

15.1: Bereifung

Auf der Rückseite des Scheins finden sich klein gedruckt die einzelnen Felder mit ihrer Bedeutung aufgelistet. Hier werden auch die TÜV-Stempel eingetragen. Alle weiteren Informationen über das Fahrzeug sind im Fahrzeugbrief vermerkt. Zusätzliche wichtige Daten wären der Motorkennbuchstabe und der Radiocode. Hier hat jeder Hersteller sein eigenes System, so dass es Sinn macht, bei Gelegenheit mal danach zu fragen und sich die Nummern zu notieren – kann bei einer Panne sehr hilfreich sein. Über den Motorkennbuchstaben suchen wir Autoärzte technische Informationen, um mit dem Motormanagement in Kontakt zu treten. Den Radiocode benötigt man eventuell, falls die Batterie abgeklemmt wurde, für die Freischaltung der Diebstahlsicherung.

Sesam, öffne dich:
Wie komme ich unter die Haube?

Ich war seit fünfzehn Uhr im Dienst. Es schneite schon den ganzen Tag dicke weiße Flocken, und in den Nachrichten hörte ich, dass es in diesem Jahr an keinem Tag so viele Unfälle im Allgäu gegeben habe wie heute. Mein Handy quakte. Ein privater Anruf von Hob, meiner seit 25 Jahren technikresistenten Freundin aus München.

»Susa! Ich hab das Licht brennen lassen! Und jetzt muss ich ganz dringend los. Er springt nicht an. Was soll ich machen? Ich muss doch den Hartmut vom Flughafen abholen. Mit seinem Surfbrett!«

»Eine Starthilfe dauert nur fünf Minuten. Am besten, du hältst einen Autofahrer auf. Wenn du den ADAC anrufst, musst du heute sicher eine Weile warten.«

»Start-hil-fe?«, wiederholte Hob, als wäre das erstens etwas Anrüchiges und als hätte sie zweitens eine Fernwartung von mir erhofft.

»Ich habe dir doch mal die Kabel dafür geschenkt.«

»Ach so, ja, das Kabel. Das war so dick, oder? Und vorne waren zwei Wäscheklammern dran, glaube ich.«

»Es sind zwei Kabel. Rot und schwarz. Sie liegen in deinem Kofferraum. Stell dich damit auf die Straße und winke, dann sehen die anderen, dass es schnell gehen wird. Mach schon mal deine Motorhaube auf, auch das steigert die Bereitschaft anzuhalten. Helfen wollen viele, aber keiner hat Zeit.«

»Okay, mach ich, danke!«

»Bis die Tage«, verabschiedete ich mich.

Mein Engelmobil quälte sich den Riedbergpass hinauf. Es war extrem glatt unter der dichten Schneedecke. Nach der nächsten Kehre würde ich Schneeketten montieren. Das mache ich nicht gerne, aber schließlich durfte ich selbst auf dem Weg zu Liegengebliebenen nicht liegen bleiben.

Ich hatte die zweite Kette aufgezogen, als mein Handy erneut quakte. Wenig irritiert sah ich, dass Hob mich sprechen wollte. Alles andere wäre auch zu einfach gewesen.

»Susa! Jetzt hat eine Frau angehalten. Sie hätte mir wirklich geholfen, obwohl sie überhaupt keine Zeit hat. Aber wir kriegen ihre Motorhaube nicht auf. Das Auto gehört ihrem Freund, und der hat sein Handy im Auto liegen lassen, wie wir jetzt wissen. Wir haben alles versucht. Ich habe den Hebel im Fußraum gezogen, aber die Haube geht nicht auf.«

Ich seufzte. Erfahrungsgemäß brauchte ich erst mal nichts sagen, weil Hob sofort weitersprechen würde.

»Und jetzt ist die Frau so total nett und wartet noch immer, weil ich gesagt habe, dass ich dich kenne und du dich auskennst.«

Ich seufzte erneut.

»Wie kriegen wir diese Haube jetzt auf? Meine Finger sind schon halb abgefroren.«

Meine auch, dachte ich.

»Weißt du, es ist total peinlich, da bekommt man eine so nette Hilfe angeboten, und dann schafft man das nicht, weil diese blöde Haube sich sperrt! Das darf man keinem erzählen! Da macht man sich ja völlig lächerlich.«

Stimmt, dachte ich. Hob hatte bereits zwei meiner Pannenkurse, die ich seit vielen Jahren abhalte, besucht. Fürs Motorrad und fürs Auto. Nicht aus Interesse. Aus Freundschaft, und das merkte ich leider immer wieder.

»Aber nein!«, tröstete ich sie. »Du bist kein Einzelfall.«

»Und was mach ich jetzt?«, brüllte Hob mir ins Ohr.

»Was für ein Auto fährt die nette Frau denn?«, wollte ich wissen. Wahrscheinlich klemmte nur das Haubenschloss. Das würde sogar Hob schaffen.

»Was ich jetzt machen soll!«, wiederholte Hob.

»Die Haube öffnen«, sagte ich, »und zwar folgendermaßen.«

Ja, wo ist er denn?

Motorhauben haben zweistufige Verschlüsse. Ein Haubenschloss und zusätzlich einen Fanghaken. Fahrzeugmodelle, bei denen sich die Haube an der Windschutzscheibenseite öffnen lässt, wie zum Beispiel manche BMWs und Renaults, brauchen keinen Fanghaken, denn der soll das Aufklappen einer nicht ordentlich geschlossenen Haube im Fahrtwind verhindern. Zum Öffnen der Motorhaube muss als Erstes im Innenraum des Fahrzeuges an einem Plastikhebel gezogen oder gedrückt werden, um über einen Seilzug das Schloss der Motorhaube zu entriegeln. Der Hebel befindet sich bei den meisten Autos im Fahrerfußraum links vorne bei der A-Säule in der Seitenwand oder oberhalb des Kupplungspedals. Bei kleinen Franzosen ist der Hebel oft neben der Lenksäule angebracht. Ältere Fordmodelle – Fiesta, Escort usw. – verfügen über einen orangefarbenen Hebel an der Unterseite der Lenksäule. Bei Ford gab es vor kurzem eine Phase, in der die Haube mit dem Zündschlüssel vorne im Kühlergrill aufgeschlossen wird. Bei entsprechenden Modellen muss man das Fordemblem wegdrehen, den Zündschlüssel in das Schloss stecken und drehen. Sobald die Haube entriegelt ist, dreht man den Schlüssel in die andere Richtung, um den Fanghaken zu lösen und die Haube zu öffnen. Immer wieder gelingt es ehrgeizigen Ingenieuren, »ihren Hebel« an einer neuen uneinsehbaren, überraschenden Stelle zu plazieren. Der Phantasie sind keine Grenzen gesetzt. Citroën beschenkte einige Modelle wie den DS-Nachfolger XM mit einer Haubenentriegelung links neben dem Fahrersitz. Wer früher mal einen VW Käfer besaß, ist im Vorteil und weiß, dass sich auf der Suche nach dem Hebel ein Blick ins Handschuhfach lohnen kann – zum Beispiel beim Suzuki Samurai. Dies nur am Rande, um zu dokumentieren, dass Spürsinn nötig sein kann, um den Sesam zu öffnen. Die Bedienungsanleitung hilft weiter. Stichwort: Motorraumklappe öffnen.

Es kann vorkommen, dass Sie am Hebel innen ziehen und die Haube wider Erwarten nicht aufspringt, wie bei meiner Freundin Hob. Dann ist das Haubenschloss verklemmt oder verrostet. Es sollte mal geölt werden … wenn es offen ist: Hierzu rate ich, dass eine Person den Hebel im Fahrzeug zieht, während die andere sich auf die Haube setzt, um sie erst einmal richtig zuzudrücken, ehe sie sie dann zum Öffnen hochzieht.
Übrigens hat Hob dann doch noch eine Starthilfe bekommen, nachdem es gelungen war, die verklemmte Haube zu öffnen. An ihrer Begeisterung musste ich an diesem Tag noch einige Male teilhaben.

Vielfältig sind die Möglichkeiten, den Fanghaken unter der Motorhaube zu betätigen, um sozusagen an den Schatz zu gelangen. Ich würde erst mal vor dem Auto stehend in der Mitte beginnen zu suchen. Während man bei Autos aus dem letzten Jahrtausend meistens die Hand in den Spalt zwischen Haube und Kühlergrill schieben muss, um den Fanghaken zu ertasten und ihn dann in eine bestimmte Richtung zu bewegen, lohnt es sich bei zeitgenössischen Modellen, einen Blick zwischen die Querstreben des Kühlergrills zu werfen. Da könnte etwas rausstehen, und mit ein bisschen Glück ist sogar ein Pfeil drauf, der der weiteren Vorgehensweise die Richtung weist.
Wenn die Haube auf ist, bleibt sie entweder von alleine offen, weil sie von zwei Dämpfern gehalten wird wie eine Heckklappe, oder es muss erneut gesucht werden, nämlich die Stange zum Feststellen. Zuvorkommende Hersteller gestalten sie farbig, meist gelb markiert. Die Haltestange liegt entweder in der Haube rechts, links oder vorne. Oder sie befindet sich am Außenrand des Motorraumes, rechts, links oder vorne. Sie wird an einem Ende aus einer Klammer gelöst und hochgestellt. Das freie Ende wird wiederum in eine dafür vorgesehene Aussparung in der Haube oder der Karosserie gesteckt. Hier rate ich zu Sorgfalt, denn wem die Haube

einmal auf den Kopf gefallen ist, der ist für immer haubenscheu. Ob Audi beim Modell A2 deshalb eine komplett abnehmbare Motorhaube anbietet? Achtung: Diese Haube nicht bei Wind unbeobachtet am Straßenrand abstellen.

Wenn Sie vor der geöffneten Haube stehen, mit freiem Blick auf das Panorama des Motors, ist der rechte Zeitpunkt gekommen, sich die Sache in Ruhe anzuschauen. Wo genau befindet sich der Fanghaken? Wie muss man ihn bewegen, damit die Haube aufgeht? Diese Bewegung sollte ein paar Mal mit der Hand durchgeführt werden, um sie im Gehirn abzuspeichern. Was man begriffen hat, muss man sich nicht merken.

DAS HAUBENÖFFNUNGSEINMALEINS

1. Den Hebel im Innenraum betätigen.
2. Fanghaken vorne an der Motorhaube entriegeln.
3. Motorhaube aufklappen und gegebenenfalls mit Haltestange arretieren.

Abb. 5: Innenhebel zum Haubeöffnen in A-Säule

Abb. 6: Motorhaubenentriegelung neben Lenksäule

Abb. 7: Fanghakenentriegelung am Kühlergrill

Abb. 8: Haube öffnen: Ford

Abb. 9: Haltestange

Todesarten und Reanimation von Batterien

Die beiden Jungs um die zwanzig wirkten zerknirscht. Sie hatten doch alles richtig gemacht. Rot auf plus, schwarz auf minus. Trotzdem war das Auto nicht angesprungen.

»Gut, dass Sie da sind«, begrüßten sie mich erleichtert. »Wir müssen dringend zu Corinna. Bei der geht der Drucker nicht mehr, und sie soll morgen abgeben.«

»Alles klar«, schmunzelte ich.

»An der Batterie kann es wohl nicht liegen, sonst hätte die Starthilfe geklappt. Das Licht funktioniert noch, und das Sichtfenster auf der Batterie ist schwarz«, wurde mir mitgeteilt, ehe ich mir ein eigenes Bild machen konnte.

»Sie meinen das magische Auge? Wenn die Batterie in Ordnung ist, erscheint es grün.«

»Es ist aber schwarz.«

Als Erstes prüfte ich die Batteriespannung im Motorraum des Fiat Bravo. Mein Messgerät zeigte 11,5 Volt, ein Indiz für eine entladene Batterie. Eine gut geladene Batterie hat ungefähr 12,5 Volt. Eine kaputte Batterie, die an Plattenschluss leidet, bringt nur noch 10 Volt zustande, zu wenig, um den Anlasser zu betätigen. Wenn ein Auto gestartet wird, braucht es sehr viel Strom, damit der Anlasser den Motor dreht. Sobald der Motor läuft, wird weniger Strom verbraucht beziehungsweise von der Lichtmaschine sofort neuer Strom produziert. Auch mit einer nicht mehr so guten Batterie kann ein Auto noch eine Weile fahren, doch je kälter es wird, desto dickflüssiger ist das Öl im Motor und desto mehr Kraft braucht der Anlasser, um den Motor in Schwung zu bringen. Dummerweise lässt auch die Startfähigkeit der Batterie mit sinkender Temperatur nach. Eine fitte Batterie zeichnet sich durch einen hohen Kaltstartstrom aus: Auch bei minus 20 Grad springt der Motor prima an. Die Lebenserwartung einer Batterie beträgt circa vier bis acht Jahre. Ältere Batterien schwächeln bei Kälte. Batterien sterben nicht nur im Winter, es gibt weitere Risikofaktoren wie:

Nichtbenutzung
Eigentlich fährt man kaum mehr mit dem Auto. Aber trennen will man sich auch nicht davon. So steht es monatelang in der Garage und verliert Lebensfreude und Strom, bis der Batterietod eintritt.
Vorsorge: Batterie abklemmen bei längerer Standzeit oder alle vier Wochen an ein Ladegerät hängen.
Oder, wenn der Tod erfolgt ist: Transplantation einer neuen Batterie.
Hitzetod
Ältere Batterien brechen innerlich zusammen, wenn es sehr heiß ist.
Erfrierungstod
Entlädt sich eine Batterie, vielleicht weil übers Wochenende das Navi oder die neue Sitzheizungsmatte am Zigarettenanzünder hing, nimmt die Säurekonzentration in der Batterie ab. Was hingegen zunimmt, ist Wasser. So kann es passieren, dass Batterien im Winter einen Erfrierungstod erleiden. Um dies zu vermeiden, werden Batterien in Fahrzeugen mit Winterschlaf, also vor allem Cabrio- und Motorradbatterien, im Herbst ausgebaut oder über den Winter in regelmäßigen Abständen an ein Batterieladegerät (siehe auch Unterkapitel »Vaterstrom«) angeschlossen.

Neugierig schauten mir die beiden Jungs zu.
»11,5 Volt«, meinte der eine, »ich glaube, das ist zu wenig.«
Ich nickte. »War vielleicht ein Verbraucher eingeschaltet? Haben Sie das Licht brennen lassen?«
»Nein.«

»Auch nicht zufällig die Innenraumbeleuchtung? Das passiert öfter mal.«
»Hm? Keine Ahnung.«
»Ach!«, rief der eine. »Ich weiß es! Meine Freundin hat gestaubsaugt! Über den Zigarettenanzünder. Bestimmt hat sie die Innenbeleuchtung brennen lassen.«
Erstaunt riss sein Kumpel die Augen auf. »Hanni saugt? Wie hast du das geschafft?«
»Sie hat schließlich die Erdnüsse gegessen und alles vollgebröselt. Also hat sie mir eine Grundreinigung geschenkt.«
So was könnte ich auch mal brauchen, dachte ich, während ich aus meinem Engelmobil das Starthilfeset holte und die Kabel anklemmte. Plus auf plus, minus auf Motor.
»Halt!«, rief einer der Jungs. »Was machen Sie da? Das schwarze Kabel gehört doch auf die Batterie!«
»Nein.«
»Sind Sie sicher?«, fragte er verlegen.
»Ja«, erwiderte ich.
»Aber das macht man so, das weiß doch jeder«, bestärkte ihn sein Kumpel. »Rot auf plus, schwarz auf minus. Um den Stromkreis zu schließen, müssen die Batterien miteinander verbunden werden.«
»Im Prinzip ja. Doch da die eine Batterie entladen und die andere voll ist, entsteht in dem Moment, wo man die letzte schwarze Klemme anschließt, aufgrund des Spannungsgefälles ein Funkenflug. Entladene Batterien neigen dazu, Knallgas zu bilden, das sich durch die Funken entzünden würde. Die dadurch platzende Batterie würde mit Plastikbröseln und Schwefelsäure um sich werfen, was zu unschönen Verletzungen führen könnte.«
»O du meine Scheiße!«, rief der eine.
»Aber das haben wir immer so gemacht!«, sagte sein Kumpel.
»Das machen fast alle so. Zum Glück passiert nur selten etwas.

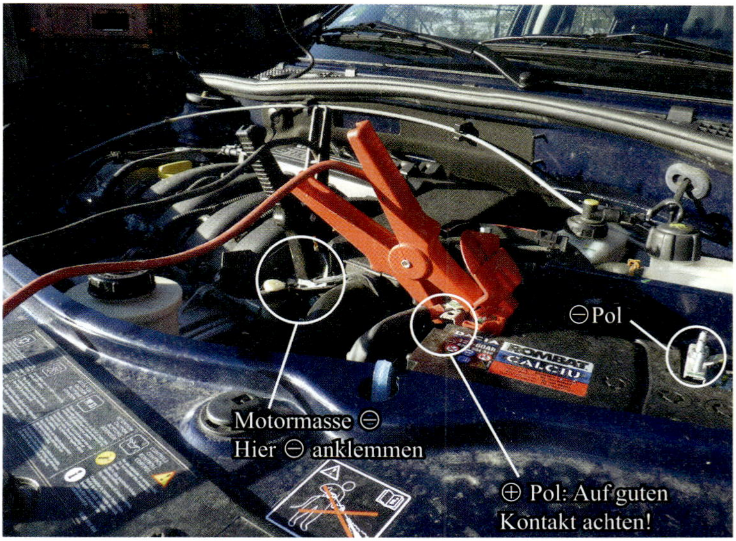

Abb. 10: Starthilfe

Aber es kann etwas passieren, und deshalb machen wir es jetzt richtig, okay? Bei Autos ist der Minuspol mit der Karosserie und allen Metallteilen verbunden, deshalb können wir jedes Metallteil nutzen.«

Ich klemmte die vierte Klemme an eine hervorlugende unlackierte Schraube am Motorblock. Es knisterte elektrisch.

Einer der beiden Männer räusperte sich. »Also steht hier alles unter Strom?«

»Ja, das ganze Auto steht unter Strom. Immer.«

»Und warum kriegt man dann keinen Schlag?«

»Weil die Batteriespannung 12 Volt beträgt und nicht 220 Volt. Das ist zu schwach, um in unseren Körper einzudringen. Außerdem handelt es sich um einen Gleichstrom, der für Menschen nicht so gefährlich ist.«

»Aber ich hab schon mal was gespürt, wie einen Stromschlag«, meinte der eine.

Abb. 11: Wäscheklammern

»Ja, genau. Wenn man einsteigt, wischt es einem manchmal eine«, bestätigte der andere.
»Das ist eine statische Aufladung, die mit Ihrer Kleidung zu tun hat.«
»Also am besten nackt einsteigen«, grinste der eine.
»Hubsi!«, mahnte sein Kumpel.
»Ja«, sagte ich zu Hubsi. »Oder einen Blitzableiter unter dem Fahrzeug anbringen, der auf der Fahrbahn schleift.«
»Aber warum hat es bei uns vorhin mit der Starthilfe nicht geklappt?«, wollte Hubsis Kumpel wissen. »War die Batterie von unserem anderen Auto zu klein? Wir haben es mit dem Daihatsu Cuore einer Bekannten probiert.«
»Die Größe der Spenderbatterie spielt bei einer Starthilfe keine Rolle. Man lässt ja den Motor des Spenderautos sowieso laufen, bevor man die Batterien miteinander verbindet. So wird von dessen Lichtmaschine sofort genügend Strom nachgeliefert. Das Problem sind eher die Klemmen an den handelsüblichen Starthilfekabeln. Damit genügend Strom fließen kann, braucht man an den Klem-

men eine möglichst große metallische Kontaktfläche. Wenn man Starthilfeklemmen genau betrachtet, erkennt man, dass das Kabel nur an der einen Zangenseite angeschlossen ist. Also muss man mit dieser Seite einen guten Kontakt herstellen und so lange probieren, bis es funktioniert.«

»Wir haben zu schnell aufgegeben!«

»Sie wussten aber auch nicht, woran es lag. Ich konnte ja vorher messen und deshalb mit Sicherheit sagen, dass die schwache Batterie die Ursache war.«

Als wir den Wagen starteten, staunten wir. Zwar drehte der Anlasser eifrig, doch der Fiat sprang nicht an. Die Jungs wechselten einen bedrückten Blick.

»Doch nicht die Batterie?«, vermutete Hubsi.

»Staubsaugen«, erwiderte ich.

»Aha«, nickte er mit einem großen Fragezeichen im Gesicht.

Ich tastete nach dem Verdächtigen unter dem Fahrersitz und betätigte den Schalter. Nun sprang der Fiat brav an.

»Jetzt kapier ich gar nichts mehr«, gestand Hubsis Kumpel.

»Manche Autos haben einen sogenannten Crashschalter, der bei einem Unfall die elektrische Kraftstoffpumpe abschaltet, um zu verhindern, dass sich das verunfallte Fahrzeug entzündet. Bei vielen befindet sich dieser erschütterungsempfindliche Schalter im Motorraum (siehe Abb. 24). Bei manchen Fiat-Fahrzeugen ist er unter dem Fahrersitz eingebaut. Vielleicht hat Hanni etwas zu leidenschaftlich gestaubsaugt und ihn damit so erschüttert, dass er herausgesprungen ist.«

»Typisch Hanni«, grinste Hubsi erleichtert.

»Nein, eine typische Saugpanne«, erwiderte ich.

Als die beiden einige Minuten später von dannen rollten, winkten sie mir für coole Jungs ein bisschen zu weiträumig nach. Sie würden nun mindestens zwanzig Minuten fahren, damit die Lichtmaschine die Batterie wieder auflud. Es bringt nichts, eine Starthilfe zu geben und den Motor danach gleich wieder auszuschalten. Die Batterie muss erst wieder geladen werden, und das dauert ungefähr so lange wie das Einlaufen eines Schaumbades in einer Altbauwohnung.

Ja, wo ist sie denn?

Es war kurz vor 22 Uhr an diesem lauen Sommerabend, und hin und wieder zwitscherte ein Vogel, dem die Nacht wohl nicht kurz genug sein konnte. Ich freute mich auf meinen Feierabend, der um 23 Uhr beginnen würde, und hoffte, die nächste Panne möge die letzte für heute sein. Der rote BMW stand auf dem Parkplatz von Rewe in Isny. In Baden-Württemberg kann man in vielen Geschäften bis 22 Uhr einkaufen, was ich gerne nutze, als Bewohnerin des Grenzgebietes, auf bayerischer Seite.

Ich war meinem Engelmobil kaum entstiegen, da kam mir eine entrüstete Frau entgegen: »Guten Abend! Schön, dass Sie da sind. Ich finde meine Batterie nicht.«

»Ich auch nicht«, echote ein Mann. »Das kann doch nicht sein, oder gibt es heutzutage schon Autos, die ohne Batterie fahren?«

Die Frau deutete auf den Mann: »Der nette Herr wollte mir Starthilfe geben.«

»Aber wir haben die Batterie im Wagen der Dame nicht gefunden«, ergänzte der Mann, und mir fiel auf, wie korrekt er sich ausdrückte. Jemand anders hätte von der Batterie der Dame gesprochen. Mir passiert so etwas ständig.

Ich entdeckte einen Renault mit offener Motorhaube und ordnete ihn dem Kavalier der Straße zu. »Bei Ihrem Auto befindet sich die Batterie dort, wo man es erwartet, unter der Motorhaube rechts im Wasserkasten.«

»Exakt.«

»Und bei mir?«, fragte die Dame.
»Bei Ihnen weiß ich es nicht, aber bei Ihrem BMW versteckt sich die Batterie im Kofferraum unter der Abdeckung rechts.«
Die Dame staunte. »Aber ich habe da noch nie etwas gesehen!«
»Unter der Abdeckung, die Dame sagte unter der Abdeckung«, erinnerte der Herr sie. Mit Dame meinte er diesmal mich. Ich schmunzelte in mich hinein. Noch nie war mir eine Dame in ölverschmiertem gelbem Overall begegnet, vom Zustand meiner Fingernägel einmal ganz abgesehen. Eine der Nachmittagspannen hatte hartnäckige Öl- und Fettspuren hinterlassen. Und das Schokoladencroissant war auch nicht spurlos an mir vorübergegangen. Ich überlegte, ob ich den beiden erzählen sollte, wie oft ich nach Batterien suche. Die Zeiten, in denen sie sich modellübergreifend fast am selben Ort befanden, sind längst vorbei. Sie können nahezu überall verbaut sein – unter dem Fahrer- oder Beifahrersitz, unter der Rückbank, im Kofferraum; manchmal sind sie auch unter den Teppich gekehrt: im Fahrer- oder Beifahrerfußraum. Erschwerend kommt hinzu, dass einige Autos zwei Batterien haben. Eine »normale«, und die andere sorgt für den Strom von Zusatzverbrauchern wie Standheizung oder Sonderausstattungen. Insofern ist es sinnvoll, im Index der Bedienungsanleitung unter S wie Starthilfe oder B wie Batterie zu suchen. Dort wird auch erklärt, wie man bei im Innenraum verbauten Batterien Starthilfe gibt: über im Motorraum extra gekennzeichnete Starthilfepunkte. Unter einem schwarzen oder roten viereckigen Plastikdeckel mit Pluszeichen befindet sich ein Anschluss aus Metall, an dem man die rote Starthilfeklemme befestigen kann. Meistens ist in der Nähe dieses Anschlusses noch ein weiterer ohne Abdeckung, der direkt an die Karosserie angeschraubt ist. Sollte dieser nicht zu finden sein, kann die schwarze Minusklemme auch an blankes, unlackiertes Motormetall angeschlossen werden – Lack würde isolieren und die Starthilfe vereiteln. Wir wollen ja, dass der Strom

Abb. 12: Starthilfepunkt ⊕ im Motorraum

Abb. 13: Starthilfepunkte

Abb. 14: Batterie im Kofferraum

fließt! Auch das Anschließen an die teure Metalliclackierung des Kotflügels würde für kein Erfolgserlebnis sorgen und keine neuen Freunde schaffen, sondern Kratzer im Lack.

Ein Erfolgserlebnis ist die funktionierende Starthilfe allemal. Irgendjemand ist liegen geblieben, beeinträchtigt in seiner Mobilität – und muss immer dringend irgendwohin. Und Sie ... helfen ihm oder ihr. Jetzt wissen Sie, wie es geht. Und gleich auch, woran es liegt:

Eine entladene Batterie kann weitere Ursachen als eine vergessene Innenraumbeleuchtung oder eine nicht richtig geschlossene Kofferraumklappe haben. Häufig ist die Lichtmaschine defekt, auch ein loser Keilriemen kann dahinterstecken oder wochenlanger Kurzstreckenbetrieb – nur mal schnell, aber jeden Tag, sechshundert Meter zum Einkaufen fahren. Diese Strecke gewährt der Batterie zu wenig Fahrzeit, um sich von der Lichtmaschine aufladen zu lassen. Bei jedem Start wird Strom verbraucht. Womöglich wird die Heizung eingeschaltet und das Radio, das Gebläse läuft ohnehin. Viele Autobesitzer berühren den Heckscheibenheizungsschalter zwischen September und April nur zweimal. Im Herbst zum Ein-, im Frühling zum Ausschalten. Das schafft auch die stärkste Batterie nur eine kurze Zeit. Irgendwann ist der Saft aus.

Vaterstrom

Das Tor stand offen. In der engen Garage des Einfamilienhauses aus den 1960er Jahren mit Butzenscheiben im Erdgeschoss und hohen, alles beschattenden Tannen im Garten parkte ein dunkler VW Passat. Ein Mann im schwarzen Rollkragenpullover mit Brille und graumeliertem Lockenkopf begrüßte mich. Ich war mir sicher, dass er nicht in diesem Haus wohnte, aber hier wahrscheinlich aufgewachsen war, und ich täuschte mich nicht.

Herr Braun wies auf den Passat. »Das ist das Auto meines verstorbenen Vaters. Ich bin dabei, das Haus auszuräumen.«

»War Ihr Vater krank?«

Herr Braun seufzte. »Sehr lange. Zum Schluss war es eine Erlösung für alle.«

»Dann ist der Wagen eine Weile nicht gefahren worden?«

»Ja. Bestimmt sechs Monate. Die Fernbedienung funktioniert nicht, die Türen lassen sich nicht aufsperren. Ich würde ihn gerne rausstellen, damit ich die Garage ausräumen kann.« Er reichte mir den Autoschlüssel.

Ich entfernte die Plastikabdeckung auf dem Türgriff an der Fahrerseite. Darunter erschien ein normales Türschloss, in das ich den Schlüssel stecken konnte, um die Tür manuell zu öffnen. Danach klappte ich die Motorhaube auf und klemmte meine tragbare Batterie an. Ich verschloss das Fahrzeug, bei dem sich bisher nur die Fahrertür geöffnet hatte, mit der Fernbedienung, um die Zentralverriegelung zu synchronisieren. Einige Male schon war ich nach einer gelungenen Starthilfe vor einem plötzlich verschlossenen Wagen gestanden, der mit laufendem Motor fröhlich vor sich hin brummte. Auch Engel müssen manchmal draußen bleiben.

Als ich nun noch mal auf den Knopf der Fernbedienung drückte, öffneten sich alle Türen. Ich stieg ein und startete den Wagen. Er sprang sofort an. Ich überprüfte, ob die Batterie bereit war, Strom aufzunehmen. Es sah gut aus.

»Sie sollten jetzt mindestens eine halbe Stunde fahren«, sagte ich zu Herrn Braun.

»Oh, das ist aber ungünstig. Gleich kommt der Makler.«

»Dann nehmen wir doch einfach das Batterieladegerät hier.« Ich deutete auf eines der Regale, in dem typische Autoaccessoires lagerten. Ein Kanister mit Öl, einer mit destilliertem Wasser, ein Trichter – und: das Ladegerät.

»Damit kenne ich mich nicht aus. Das sind alles die Sachen von meinem Vater. Mit der Garage habe ich noch gar nicht angefangen. Der Wagen blockiert hier ja alles.«

»Wir stellen das Auto raus. Mit der Kabeltrommel da rechts«, ich wies auf ein anderes Regal, »können wir das Batterieladegerät auch draußen am Auto anschließen. Sie müssen dann nur in ein paar Stunden alles abklemmen.«

»Können Sie da nicht noch einmal vorbeikommen? Mit Technik habe ich nichts am Hut.«

»Ich zeige Ihnen, was zu tun wäre, und dann entscheiden Sie, ob Sie sich das zutrauen, okay?«

Herr Braun nickte gequält. Einen Moment stand er vor dem Regal, dann zog er das Batterieladegerät vorsichtig heraus und trug das kleine Kästchen andächtig nach draußen, wo er es behutsam auf eine Holzbank neben der Eingangstür stellte. Er drehte sich

zu mir. »Ich kann das. Klar kann ich das. Sie brauchen nicht noch mal kommen.« Seine Stimme klang fest.
»Schön«, nickte ich. »Dann mal los.«

Mit dem Batterieladegerät können 12-Volt-Batterien schonend geladen werden, was allerdings einige Stunden dauert. Für die vielen Fahrzeuge, die über Monate nicht benutzt werden, wurden inzwischen sogenannte intelligente Ladegeräte entwickelt, die über einen langen Zeitraum an eine Batterie angeschlossen bleiben und diese in regelmäßigen Abständen laden und entladen. Also sozusagen Gymnastik, um die Lebensdauer zu verlängern: Wer rastet, der rostet. Um Kollateralschäden an der Bordelektronik zu vermeiden, sollte beim Ladevorgang niemals der Schlüssel im Zündschloss stecken. Die beiden Klemmen, die vom Gerät abgehen, werden an die Batteriepole gezwickt. Rot auf plus, schwarz auf minus. Dann wird der Stecker des Batterieladegeräts in die Steckdose gesteckt. Viele Ladegeräte haben keinen On-off-Schalter. Sobald der Zeiger in dem Sichtfeld ausschlägt, nimmt die Batterie Strom auf. Sollte die Batterie noch Stöpsel zum Öffnen haben, wie früher üblich, diese bitte mit einer Münze lockern, damit eventuell entstehendes Knallgas entweichen kann. Gut lüften und nicht rauchen! Nach vier bis fünf Stunden sollte der Zeiger zurückgegangen sein, und die Batterie ist geladen. Das Gerät kann ausgeschaltet werden: Stecker raus, Klemmen ab, Stöpsel, falls geöffnet, zu!

Achtung: Batteriesäure ist aggressiv und frisst Löcher in Klamotten. Nach Kontakt mit der Batterie Hände waschen.

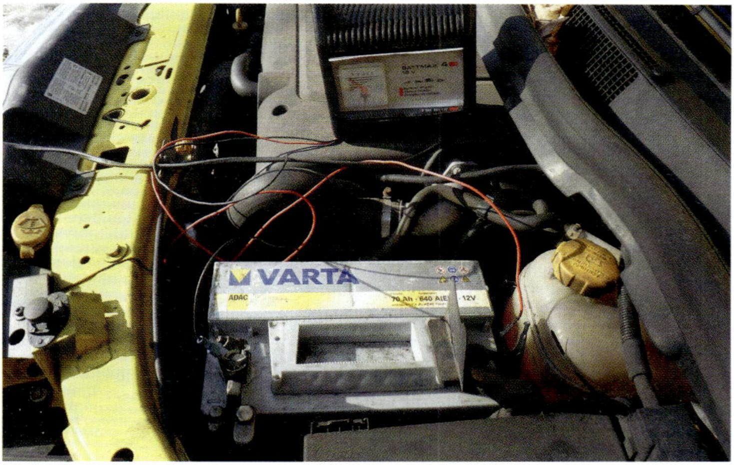

Abb. 15: Batterieladegerät anschließen

Das Osterei

Die junge Frau mit dem roten Smart staunte nicht schlecht, als ich sie bat, sich von mir in ihrem hübschen Osterei einschließen zu lassen. Die Batterie des kleinen Kerls war völlig entladen, nachdem Frau Klein vier Wochen verreist war. Er ließ sich zwar über das Türschloss aufsperren, aber um die Wegfahrsperre freizuschalten, musste erst die Zentralverriegelung wieder funktionieren. Auch Besitzer von kleinen Renaults kennen das: erst zusperren, dann aufsperren, dann starten. Sonst geht gar nichts. Allerdings befindet sich die Batterie beim Smart im Beifahrerfußraum. Um eine Starthilfe zu geben, musste ich die Kabel also erst mal auf der Beifahrerseite anschließen. Dann das elektrisch betätigte Beifahrerfenster runterfahren, die Starthilfe wieder abklemmen, die Beifahrertür schließen und Frau Klein durch das geöffnete Fenster die Kabel reichen, die sie an die Batterie anklemmte. Nun konnte ich die Zentralverriegelung betätigen. Ich sperrte zu, ich sperrte auf und reichte Frau Klein den Autoschlüssel, den sie zielstrebig in das Zündschloss in der Mittelkonsole steckte und startete. Der Wagen sprang sofort an. Frau Klein strahlte. »Mein Auto ist wirklich was Besonders!«

Inzwischen lassen sich die meisten Autos auch verriegeln, wenn noch eine Tür offen steht. Das macht die Starthilfe bequemer, führt aber auch dazu, dass man sich leichter aus dem Auto aussperrt.

Grünes Licht für die Starthilfe

Sie brauchen immer dann eine Starthilfe:

- Wenn nichts mehr geht, nicht mal mehr die Zentralverriegelung reagiert, sobald Sie den Schlüssel ins Türschloss stecken. Leider verwehren Autos ihren Besitzern manchmal den Zugang, wenn die Batterie leer ist. Das ist ein Hinweis darauf, dass ein Verbraucher wie das Licht gebrannt hat und die Batterie komplett entladen ist. Sie kann nichts dafür – sie ist meist das Opfer, nicht der Täter. Der sollte dann noch ermittelt werden.
- Wenn beim Schlüsseldrehen im Zündschloss die roten Lampen zwar leuchten, doch beim Weiterdrehen auf Startposition schwächer werden.
- Wenn beim Startversuch der Anlasser nur noch langsam und gequält dreht und ein würgendes Geräusch macht, so dass der Eindruck entstehen kann, das Auto würde sich übergeben.
- Wenn es beim Startversuch so klingt, als würde unter der Motorhaube mit einem Maschinengewehr geschossen.

Verpeilt, verpatzt, verpolt

Auf einem Waldparkplatz im Münchner Umland, einem beliebten Startpunkt für Jogger, erwartete mich nicht nur das Havaristenfahrzeug, sondern auch ein Taxi, was mich auf den ersten Blick etwas verwunderte. War dem Havaristen die Wartezeit zu lang geworden, musste er dringend weg? Nicht einmal dreißig Minuten waren seit seinem Anruf in der Pannenzentrale des ADAC vergangen. Das war vor einer Stunde, mitten im Berufsverkehr, anders gewesen. Zu diesem Zeitpunkt hatte mein Havarist, wie ich erfahren sollte, schon einmal beim ADAC angerufen. Da die Wartezeit von einer Mitarbeiterin mit mindestens sechzig Minuten angegeben worden war, beschloss Herr Bäcker, ein Taxi zu rufen, um Starthilfe zu erhalten. Er hatte es sehr eilig. Aber nun stand er noch immer auf dem Waldparkplatz, in Joggingklamotten, neben seinem Nissan.

Dieser war vor der Starthilfe durch das Taxi schon recht schlapp gewesen. Danach ging gar nichts mehr. Auch das Taxi machte keinen sonderlich vitalen Eindruck.

Die Stimmung zwischen den beiden Havaristen war auf dem Gefrierpunkt. So sah kein Beginn einer Männerfreundschaft aus. Beide versuchten mir lautstark zu erklären, was sie alles richtig und der andere falsch gemacht hatte.

»Wenn ich ein Taxi rufe, kann ich doch wohl erwarten, dass der Fahrer sich auskennt!«

»Ich habe alles korrekt abgewickelt, und Sie schulden mir zwölf Euro!«

»Ha! Ich schulde Ihnen gar nichts!«

»Zwölf Euro!«

»Sie schulden mir etwas, und wie viel, das wird sich noch herausstellen, aber mit zwölf Euro, das sag ich Ihnen gleich, kommen Sie nicht davon!«

»Glauben Sie vielleicht, ich habe noch nie eine Starthilfe gegeben?«
»Wer hat denn die Kabel angeklemmt!«
»Ich nicht!«
»Ich auch nicht!«
Ich merkte, dass die beiden Herren sich noch viel zu sagen hatten, und packte schon einmal mein Messgerät aus. Den toten Japaner würde ich ohne Probleme reanimieren können, der noch zuckende Schwabe machte mir mehr Sorgen. Wieder einmal fragte ich mich, ob in Japan öfter Starthilfen von Laien gegeben werden, ob die Hilfsbereitschaft in diesem Land größer ist als bei uns. Aus irgendeinem mir nicht bekannten Grund haben sich japanische Autohersteller jedenfalls schon vor langer Zeit dazu entschlossen, in jedem Fahrzeug eine Hauptsicherung zu verbauen, die verhindert, dass empfindliche Steuergeräte durch Misshandlung wie zum Beispiel falsch angeschlossene Starthilfekabel zerstört werden.
In nahezu allen Fällen einer durchgebrannten Hauptsicherung, an die ich mich erinnere, wurde plus mit minus verwechselt. Leugnen hilft nichts: Die Beweise sind eindeutig, wie sie es auch hier waren: Schweißpunkte am Batteriepol infolge des Kurzschlusses durch Verpolung. Wie war es dazu gekommen? Auf der einen Batterie waren beide Pole durch einen Plastikschutz abgedeckt. Vorgeschrieben ist lediglich, den Pluspol mit einem Deckel zu schützen, damit er bei einem Unfall nicht mit der Karosserie in Kontakt kommen kann. Da die Karosserie wie beschrieben mit dem Minuspol verbunden ist, käme es sonst zu einem Kurzschluss. Die Batterie kann platzen, auch ein Brand ist denkbar. Der tritt immer dann auf, wenn plus und minus einer Stromquelle miteinander verbunden werden, ohne dass ein Verbraucher, zum Beispiel eine Lampe, dazwischengeschaltet ist. Auf jeder Batterie sind die beiden Pole benannt: plus + und minus –. Die Zeichen sind entweder in die Batterie gestanzt oder aufgeklebt. Oft sind die Pluspolab-

deckungen rot. Landet ein Pluspoldeckel versehentlich auf dem Minuspol, kann einen das leicht in die Irre führen. Deshalb immer genau schauen, wo sich das Plus- und Minuszeichen auf der Batterie befinden. Die Batterie hat immer recht, nicht der Plastikdeckel!

Das Auswechseln der 100-Ampere-Sicherung des Nissan war schnell erledigt und geschah von den beiden Herren fast unbemerkt, die nun ihre Anwälte ins Spiel gebracht hatten und wortreich beteuerten, dass sie nicht mehr miteinander sprechen würden.
Mit meiner Starthilfe sprang der Japaner sofort an, schüttelte sich einmal kräftig und drängte zum Aufbruch. Der Schwabe musste zur weiteren Untersuchung in die Klinik. Bei ihm war zwar auch »nur« eine Sicherung durchgebrannt, doch der Kurzschluss hatte die Lichtmaschine in Mitleidenschaft gezogen sowie die Blinker- und Scheibenwischerbetätigung. Wie groß der Kollateralschaden war, konnte ich auf dem Waldparkplatz nicht abschließend beurteilen. Der bayerisch-griechische Chauffeur des Schwaben stieg mit in das gelbe Einsatzfahrzeug einer Abschleppfirma, um den Patienten in die Einsterneklinik zu begleiten, wo möglicherweise schon ein Anwalt wartete.

Das Starthilfeeinmaleins

Wer Starthilfe benötigt, bekommt meistens schnell Hilfe, denn fast jeder kennt die Situation und wünscht sich, ihm möge ebenfalls geholfen werden, wenn die Batterie einmal schlappmachen sollte. Dennoch ist eine Starthilfe immer etwas Besonderes, sie wird ja nicht wöchentlich benötigt oder gegeben. Das heißt, dass die Betroffenen alle ein bisschen aufgeregt sind. Vielleicht will der eine oder die andere auch zeigen, dass sie sich gut auskennt, was er oder sie alles kann, und im Eifer des Gefechts werden dann schon mal die Pole verwechselt. Deshalb: Ruhe bewahren! Absprechen, wer was macht. Und dann Schritt für Schritt vorgehen.

Lassen Sie sich die Kabel nicht aus der Hand nehmen: Wenn Sie bis hierhin gelesen haben, kann nichts schiefgehen. Sie wissen, was Sie zu tun haben. Vertrauen Sie sich! Und dann geht's los:

Die Autos sind so nebeneinander geparkt, dass die Starthilfekabel bequem an beiden Fahrzeugen angeklemmt werden können.

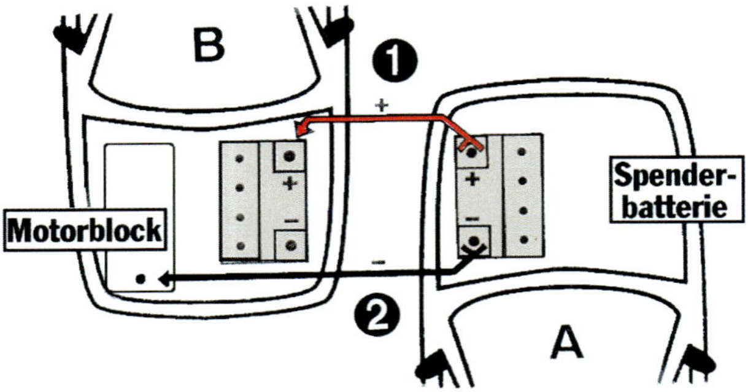

Abb. 16: Starthilfe

- Gang raus, Handbremse anziehen.
- Der Motor des Spenderautos (A) läuft.
- Der Schlüssel des Empfängerautos (B) befindet sich weder im Zündschloss noch sonst wo im Fahrzeug! Sondern in der Hosentasche. Es kommt immer wieder vor, dass beim Anschließen einer Starthilfe die Zentralverriegelung das Fahrzeug eigenmächtig verschließt.
- Rote Enden nacheinander an die Pluspole der beiden Batterien klemmen. Auf guten Kontakt der Klemmen an den Polen achten.
- Erstes schwarzes Ende an einen Minuspol an der Batterie des

einen Autos klemmen, zweites schwarzes Ende an ein hervorstehendes, unlackiertes Teil am Motor des anderen Autos.

- Empfängerauto gegebenenfalls mit Fernbedienung verriegeln und wieder entriegeln.
- Zündung des Empfängerautos einschalten. Eine Minute warten, damit das elektronische Fachpersonal Ihres Fahrzeugs kurz eine Lagebesprechung abhalten kann, dann starten (siehe auch Kapitel »Die Plappertaschen«). Wenn es nicht sofort anspringt, den Kontakt der Klemmen an den Polen kontrollieren, gegebenenfalls nachbessern.
- Sobald der Motor angesprungen ist, Abblendlicht und Gebläse einschalten. So lädt die Batterie leichter auf, und beim Abklemmen der Starthilfekabel gibt es keine Spannungsspitzen.
- Starthilfeklemmen in umgekehrter Reihenfolge abklemmen: erst minus, dann plus.
- Empfängerauto noch mindestens 20 Minuten fahren.

Abenteuer Abschleppen

In manchen Fällen wird die Starthilfe korrekt angeschlossen, dennoch macht der Anlasser keinen Mucks. Die roten Kontrollleuchten im Armaturenbrett leuchten fröhlich vor sich hin, auch beim Starten schwächeln sie nicht. Dies ist ein Indiz für einen defekten Anlassermotor oder einen hängengebliebenen Magnetschalter. Wenn alles in Ordnung ist, hört man den Magnetschalter nicht. Bei entladener Batterie rattert er wie ein Maschinengewehr. Bleibt er hängen, helfen leichte Schläge mit dem Hammer. Wenn man weiß, wo: Viele Anlasser befinden sich im Motorraum hinten unten. Manchmal funktioniert der Magnetschalter nach einem einmaligen Versagen jahrelang einwandfrei. Manchmal häufen sich die Aussetzer – dann sollte man einen neuen Anlasser einbauen lassen.
Wenn der Anlasser auf Gewalt nicht reagiert oder sich ihr entzieht, indem er unerreichbar verbaut ist, kann das Auto angeschleppt werden. Anschleppen ist nicht Abschleppen. Anschleppen reicht ein paar Dutzend Meter weit. Abschleppen führt in die Werkstatt.

Die Anschlepp-Ampel

Grünes Licht

- Bei defektem Anlasser
- Falls kein Starthilfekabel zur Hand und Batterie nur leicht entladen ist

Rotes Licht

- Fast alle Fahrzeuge mit Automatikgetriebe, siehe Bedienungsanleitung
- Fahrzeuge mit hydraulischer Federung, die sich im Ruhezustand absenken wie zum Beispiel einige Modelle von Citroën

- Hybridfahrzeuge
- Elektroautos
- Bei tief entladener Batterie, da das Motorsteuergerät zum Starten eine Mindestspannung benötigt
- Bei unklarer Fehlerursache
- Nach vielen erfolglosen Startversuchen; hier besteht die Gefahr, dass unverbrannter Kraftstoff in den Katalysator gelaufen ist, was ihn zerstören kann
- Bei Fahrzeugen mit sehr kleinen Lenkrädern und sehr breiten Reifen, Sportwagen und SUV (Sport Utility Vehicles) auch Stadtförsterauto genannt

In diesen Fällen gilt: Hoch auf den gelben Wagen!

Neppen und Schleppen

»Ich müsste mal an Ihren Kofferraum«, sagte ich zu dem Pärchen, dessen schlammbespritztes, pinkfarbenes Cabrio am Rande einer großen Stadt liegen geblieben war. »Können Sie den bitte öffnen?«

»Oh, das ist aber gerade ungünstig«, hauchte die Blondine und zündete sich eine Zigarette an. Die Wangenmuskulatur ihres dunkelhaarigen Begleiters malmte.

»Dann kann ich Sie leider nicht anschleppen«, bedauerte ich.

»Ach, das macht nichts«, lächelte die Blondine angespannt und setzte sich auf den Kofferraum.

»Anschieben wäre auch eine Möglichkeit.«

Der Begleiter stellte sich neben die Blondine. »Nein danke«, schoss er scharf.

Man muss nicht immer alles wissen wollen. »Dann wünsche ich noch einen schönen Abend.«

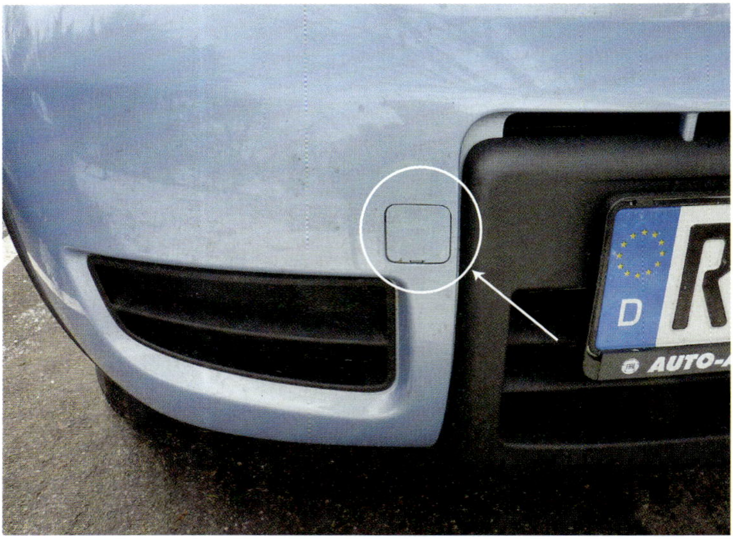

Abb. 17: Aussparung in Stoßstange für einschraubbare Abschleppöse

Anschieben ist weniger aufwendig als anschleppen, doch anstrengend und auch nicht immer von Erfolg gekrönt, da mindestens zwei Leute schieben sollten. Anschleppen ist, wenn man weiß, wo man das Seil oder die Stange befestigt, auch schnell erledigt. Normalerweise treibt der Motor die Räder an. Die Kupplung verbindet Motor und Räder. Beim Anschleppen ist es umgekehrt: Die rollenden Räder treiben den Motor an.
Die meisten Autos haben in der Stoßstange vorne und hinten einen Deckel, den man mit einem kleinen Schraubenzieher oder langen Fingernägeln herausdrücken kann. Dahinter befindet sich ein Gewinde, in das der Abschlepphaken hineingeschraubt wird, zuweilen mit Linksgewinde. Manchmal muss auch das Belüftungsgitter unten rechts aus der Stoßstange herausgenommen werden. Verschiedene Autos haben verschiedene Abschlepphaken. Bei den Haken handelt es sich genau genommen um Ösen. Üblicherweise befindet sich die Abschleppöse beim Bordwerkzeug, und das wie-

Abb. 18: Abschleppöse einschrauben

derum befindet sich im Kofferraum entweder beim Ersatzrad oder unter einem der Seitendeckel rechts oder links. Stichwort in der Bedienungsanleitung: Abschleppöse.

Achtung: Um auf der Autobahn im Pannenfall nicht das gesamte Urlaubsgepäck auf dem Seitenstreifen offenlegen zu müssen, empfehle ich, den Abschlepphaken ins Handschuhfach zu legen.

Ins Rollen kommen

Auf der Rückbank des Skoda Fabia schlief in einer Babyschale ein rosiger Säugling in seinem hellblauen Deckchen und duftete nach Vanille und Zimt. »Seit der Entbindung habe ich das Auto nicht mehr benutzt«, erzählte mir seine Mutter, eine junge Türkin. »Vielleicht ist die Batterie leer. Er macht keinen Mucks.«

Ich schloss mein Messgerät an und stellte fest: »Der Anlasser will nicht. Beziehungsweise kann nicht. Er ist defekt und muss in einer Werkstatt erneuert werden.«
»Um elf habe ich einen Termin beim Kinderarzt«, teilte mir die frischgebackene Mutter mit, und ich merkte, wie wichtig es ihr war, pünktlich zu erscheinen.
»Das schaffen wir«, beruhigte ich sie. »Ich schleppe Sie an.« Ich zögerte: »Wenn Sie den Motor allerdings abstellen, springt er nach dem Kinderarzt wieder nicht an.«
»Hm. Das ist aber blöd. Ich will die Kleine doch dann gleich wieder nach Hause bringen!«
»Ich dachte, es ist ein Junge?«, rutschte es mir heraus. Jetzt war ich selber mal reingefallen.
Die Frau lachte. Plötzlich erhellte sich ihr Gesicht. »Ich weiß, wie ich es mache! Die Praxis des Kinderarztes liegt an einem Hang. Ich parke so, dass ich das Auto später rollend gut in Schwung bringe, fahre nach Hause, lasse den Motor laufen, gebe die Kleine meiner Mutter, die dann bei mir sein wird, und fahre weiter in die Werkstatt und lasse mich von meinem Mann abholen, die Werkstatt liegt ja auf seinem Arbeitsweg.«
»Mütter sind Organisationsgenies«, staunte ich. »Dann mal los!«

Während ich das Abschleppseil an unseren Autos befestigte, erklärte ich der Frau, die damit vertraut war, dennoch die Vorgehensweise, und dass ich sie mit circa 20 Stundenkilometern ziehen würde. Sie hörte mir aufmerksam zu und fasste dann alles punktgenau zusammen, ehe sie mir ein kleines Päckchen Zimttee schenkte.

Anschleppen, ein Kinderspiel:

1. Warnblinkanlage einschalten.
2. Zündschlüssel in die Stellung *Zündung ein,* damit die Kontrolllampen leuchten.
3. Wenn das Auto nach ein paar Metern gut rollt, den zweiten Gang einlegen, Kupplung kommen lassen. Auto springt an, Kontrollleuchten erlöschen.
4. Hupen, um Erfolg zu melden, und Kupplung treten, damit es zu keinem Auffahrunfall kommt.

Mitgehangen, mitgefangen

Anschleppen ist ebenso wenig Abschleppen, wie Flirten mit Heiraten gleichzusetzen ist. Beim Abschleppen wird das defekte Fahrzeug, das per Seil oder Stange mit dem ziehenden Fahrzeug verbunden ist, im Leerlauf bewegt – am besten gleich in die Werkstatt.

Warnblinkanlage an beiden Fahrzeugen einschalten, Straßenverkehrsordnung beachten: Es gibt einen Unterschied zwischen Schleppen und Abschleppen! Abschleppen setzt eine Notsituation voraus, die es erforderlich macht, ein Fahrzeug aus einer Gefahrensituation in Sicherheit zu bringen. Der Fahrer des geschleppten Fahrzeugs benötigt keinen Führerschein, muss jedoch befähigt sein. Der Fahrer des ziehenden Fahrzeuges benötigt einen Pkw-Führerschein. Er darf das Fahrzeug aus einem Gefahrenbereich zu einer Werkstatt schleppen. Auf der Autobahn ist es gestattet, ein liegen gebliebenes Fahrzeug bis zur nächsten Ausfahrt zu schleppen und dann über Land zur nächsten Werkstatt. Für jeden weiteren Schleppausflug werden vom Gesetzgeber ein entsprechender Lkw-Führerschein, mindestens BE, und die Erfüllung der strengeren Vorgaben für das Schleppen verlangt wie zum Beispiel Fahrerlaub-

nis des Geschleppten und eine Ausnahmegenehmigung von der Zulassungsstelle. Das Abschleppen eines nicht zugelassenen Fahrzeugs, auch wenn es sich um seine letzte Fahrt zur Autoverwertung handelt, ist wegen der fehlenden Notsituation nicht erlaubt. Die Not des Autos wird hier vom Gesetzgeber nicht berücksichtigt.
Es gibt verschiedene Möglichkeiten abzuschleppen, die sich nach dem jeweiligen Schaden richten. Wenn das Problem nicht am Motor liegt, zum Beispiel bei einem Kupplungsschaden, sollte der Motor beim Abschleppen im Leerlauf drehen. Dadurch bleiben die gewohnte Lenkfähigkeit und Bremskraftunterstützung erhalten. Dies ist für den »Abgeschleppten« sicherer und komfortabler als die Fahrt bei ausgeschaltetem Motor. Aber auch ohne dass der Motor läuft, kann prinzipiell abgeschleppt werden.

Abschleppen ohne Motor:
Die Zündung wird eingeschaltet, der Schlüssel im Zündschloss also so weit gedreht, bis die Lichter am Armaturenbrett leuchten, aber es wird nicht gestartet. Damit ist gewährleistet, dass das Lenkradschloss entriegelt ist. Es kommt immer wieder vor, dass Menschen während des Abschleppvorgangs aus irgendeinem Grund den Zündschlüssel abziehen. Vielleicht, um das Handschuhfach aufzuschließen, um sich mit einem Kaugummi zu beruhigen. Doch ohne Schlüssel im Schloss rastet bei der nächsten Lenkbewegung das Lenkradschloss ein. Das abgeschleppte Fahrzeug kann ohne Schlüssel im Zündschloss nur geradeaus fahren. Bis man das begriffen und den Schlüssel wieder ins Schloss gesteckt und entriegelt hat, ist man längst hoffentlich bloß in den Acker gefahren und hat unter Umständen sogar das ziehende Fahrzeug mitgerissen: mitgehangen, mitgefangen.
Deshalb: Vor dem Abschleppen Kaugummis bereitlegen und währenddessen Konzentration im Hier und Jetzt und bei Anruf: not available.

Wenn der Motor nicht läuft, braucht der Fahrer im abgeschleppten Auto viel Kraft zum Lenken, da die Servolenkung nicht funktioniert. Dies muss der Fahrer des vorderen Fahrzeugs berücksichtigen und langsam um Kurven fahren, damit der Hintere genug Zeit zum Lenken hat. Auch die Bremskraftverstärkung fällt aus. Manchmal lässt sich das Bremspedal noch ein paar Mal wie gewohnt betätigen, danach wird es brettelhart, und man braucht erheblich mehr Kraft, um das Fahrzeug abzubremsen. Dies wirkt verunsichernd, man sollte darauf vorbereitet sein und nicht erschrecken. Ist eine Handbremse in Griffnähe, kann der Geschleppte diese zu Hilfe nehmen, um die Bremskraft zu steigern. Der Ziehende muss bei seiner Fahrweise berücksichtigen, dass der Hintere aufgrund des kurzen Seils sehr dicht auffährt. Wer ein Näheproblem hat, sollte vom Abschleppen Abstand nehmen. Auch der Ziehende darf nicht vergessen, dass die Bremswirkung des abgeschleppten Wagens stark eingeschränkt ist. Eine Geschwindigkeit von 30 Stundenkilometern ist für den hinteren Fahrer erfahrungsgemäß gerade noch erträglich. Immerhin muss der Geschleppte es aushalten, die ganze Zeit viel zu dicht aufzufahren – gegen seinen Willen. Er kann ja nicht weg. Er hängt am Seil. Unter normalen Umständen würde er einen größeren Abstand wählen, um beim Bremsen rechtzeitig reagieren zu können.

Ich habe in den letzten zwanzig Jahren sicher über tausend Fahrzeuge abgeschleppt. Das war kein Problem für mich, aber ich bin ja auch immer vorne. Den Stress beim Abschleppen hat der Hintere. Deshalb ist es wichtig, dass der Vordere langsam fährt, auch auf die Gefahr hin, von waghalsigen Überholmanövern belästigt zu werden. Das ist allemal besser als ein schreckstarrer, blau angelaufener Hintermann. Meinen Kunden rate ich vor jedem Abschleppen: »Vergessen Sie das Atmen nicht!«

Stange oder Seil?

Die Abschleppstange nimmt kaum Platz im Kofferraum ein, sie wird aus mehreren Teilen zusammengesteckt. Eine Abschleppstange ist eine Erleichterung für den Abgeschleppten, weil die Stange ihn beim Bremsen unterstützt. Lenken muss er trotzdem. Leider sind die Abschleppösen bei vielen Fahrzeugen so ungünstig in der Stoßstange angebracht, dass es beim Schleppen mit der Stange leicht zu Schäden an der Stoßstange kommen kann, sobald die Lenkung zu stark eingeschlagen wird. Das trübt die Freude am Abenteuer Abschleppen.

Abschleppseile gibt es mit Gummiband und ohne. Ich bevorzuge die mit Gummiband, weil sie bandscheibenschonender sind. Man kann mit ihnen schön sanft anfahren, ohne den unangenehmen Ruck, der bei der Abschleppstange unvermeidlich ist. Das Abschleppseil wird mit zwei Schäkeln oder Karabinern mit Schraubsicherung an der Abschleppöse befestigt. Der Gezogene achtet darauf, dass das Seil zwischen den Fahrzeugen möglichst gespannt bleibt.

Abb. 19: Abschleppseil mit Schraubkarabiner

Schraubzwang

Es gibt viele Situationen, in denen es Männern im Großen und Ganzen nichts ausmacht, von einer Frau wieder fahrtüchtig gemacht zu werden. Beim Reifenwechseln und Abschleppen machen jedoch auch die stärksten Frauenfreunde manchmal schlapp. Gerade beim Abschleppen möchten Männer gerne helfen. Wenn sie sich dieses Highlight von mir schon aus der Hand nehmen lassen müssen, wollen viele doch zumindest das Abschleppseil montieren. An meinem Seil befindet sich ein Karabiner mit Schraubsicherung, die immer geöffnet ist, wenn ich das Seil aus seiner Schublade in meinem Engelmobil nehme. Drei von vier Männern reagieren instinktiv auf den Verschluss und schrauben ihn erst mal zu. Eine Übersprunghandlung? Oder doch eher ein Schraubzwang? Jedenfalls scheint es zu helfen. Das Schrauben beruhigt sie ein wenig. Wenn es dann um das Einhängen des Karabiners in die Abschleppöse geht, wundern sie sich, dass es nicht funktioniert. Sie haben ihre Zwangshandlung verdrängt. Konzentriert untersuchen sie die Verschraubung und schrauben sie dann wieder auf. Ich habe mich daran gewöhnt, sie gewähren zu lassen, obwohl die Pannen dann etwas länger dauern.

Fahre Gasauto, suche Tankstelle

Manchmal suchen meine Kunden keine Ösen und Haken, sondern eine Tankstelle. Worum es geht, wenn sie mich irgendwo aufhalten, kann ich meistens an ihrem Gesichtsausdruck ablesen. Der drohende Mangel wird oft als sehr beängstigend erlebt. Normalerweise findet man in Deutschland eine Tankstelle, bevor die Reserve aufgebraucht ist … wenn man rechtzeitig darauf reagiert. Fahrerinnen und Fahrer von Gasautos haben es hier nicht ganz so leicht, obwohl das Netz an Tankstellen mittlerweile ausreicht. Man muss halt wissen, wo sie sind.

Herr Daniele war auf dem Weg nach München. Hundertfünfzig Kilometer vor dem Ziel war das Gas aus. Herr Daniele blieb an einer Autobahnabfahrt liegen, weil seine Benzinpumpe schon länger kaputt war und die Umschaltung auf Benzin deshalb ausfiel. Eine Panne kommt bekanntlich selten allein, und so war auch der Akku seines Handys leer. Deshalb nutzte Herr Daniele die Möglichkeit, über eine Notrufsäule Hilfe zu rufen. Das sind diese orangefarbenen Relikte aus dem letzten Jahrtausend am Straßenrand für alle handygekappten unter den Gestrandeten. Sonst hätte er sicher längst im Internet herausgefunden, wo sich die nächste Tankstelle mit Autogas befand, und sich am Kabel aus dem Trockensumpf ziehen können. Immer wieder komme ich zu Liegengebliebenen, die kommunikationselektronisch top ausgerüstet sind … doch der Akku ist leer. Es gibt auch Handy-Ladekabel, die am Zigarettenanzünder angesteckt werden. So was sollte im Handschuhfach liegen! Leider konnte ich Herrn Danieles Problem nicht so einfach lösen. Bei einem Benziner oder Diesel hätte ich einen Kanister Sprit aufgefüllt. Doch mit einem Kanister voll Gas konnte ich nicht dienen. Also nahm ich den Wagen an den Haken und schleppte ihn zur nächsten Tankstelle, die sich zum Glück in der Nähe befand.

Die meisten Gasautos in Deutschland sind bivalent, das heißt, ihr Ottomotor kann wahlweise mit Benzin oder Gas betrieben werden. Solange die Benzineinspritzanlage funktioniert, kann man mit dem Benzin im Tank weiterfahren. Der Vorteil von Gasautos ist, neben den im Vergleich zu Benzin und Diesel günstigen Preisen, dass ihre Verbrennung sauberer ist. Oder anders sauber. Wer mal seine Nase an den Auspuff eines Gasautos hält, wird das be-

stätigen, zumindest fällt man nicht gleich tot um, weil weniger Kohlenmonoxid ausgeschieden wird. Wenn die Tanks voll Gas und Benzin sind, muss lange keine Tankstelle angefahren werden. Trotz leichter Leistungseinbußen und etwas höherem Verbrauch rechnet es sich, und es steigen immer mehr Leute um. Ob es sich wirklich rechnet, werden wir erst in den nächsten Jahren wissen, denn durch die höheren Temperaturen bei der Verbrennung des Gases und das Fehlen der Additive, die im Benzin enthalten sind, werden die Zylinderköpfe und Ventilsitze stärker belastet, und es kann frühzeitig zu Motorschäden kommen. Auch Zündkerzen- und Motorölwechselintervalle sind bei Gasautos kürzer. Gasbetriebene Motoren fahren mit Erdgas oder Autogas. Sie haben spezielle Gastanks. Bei gleichem Tankvolumen ist mit Autogas gegenüber einem Erdgasfahrzeug eine bis zu dreifache Reichweite erzielbar. Getankt wird mittels eines speziellen Füllstutzens, den man mit dem fahrzeugeigenen Tankanschluss verbindet. Klingt kompliziert, ist es aber nicht.
Autogas ist im Übrigen keine Schwester vom Erdöl, wie manche Menschen glauben, sondern eher das Nebengeräusch. Es handelt sich hierbei um ein unter niedrigem Druck verflüssigtes Gemisch aus Propan und Butan, das bei der Erdöl- und Erdgasförderung sowie in Erdölraffinerien anfällt. Beim Camping gehört es ohnehin zur Ausstattung. Autogas kann man nicht riechen. Deshalb wird ein Geruchsstoff hinzugefügt, damit eventuelle Lecks rechtzeitig entdeckt werden. Es besteht kein erhöhtes Sicherheitsrisiko bei Autogas-Fahrzeugen. Crash- und Brandtests haben gezeigt, dass mit Autogas betriebene Fahrzeuge nicht gefährlicher sind als vergleichbare Benziner. Den ersten mit Autogas betriebenen Wagen wurde der Aufenthalt in Tiefgaragen öfter verwehrt. Das verwendete Gas ist schwerer als Luft, und man fürchtete, bei einer Undichtigkeit würde es sich am Boden der Garage absetzen. Bei Erdgas besteht diese Gefahr nicht, es ist leichter als Luft und des-

Abb. 20: Tankdeckel Benzin und Einfüllstutzen für Gastank

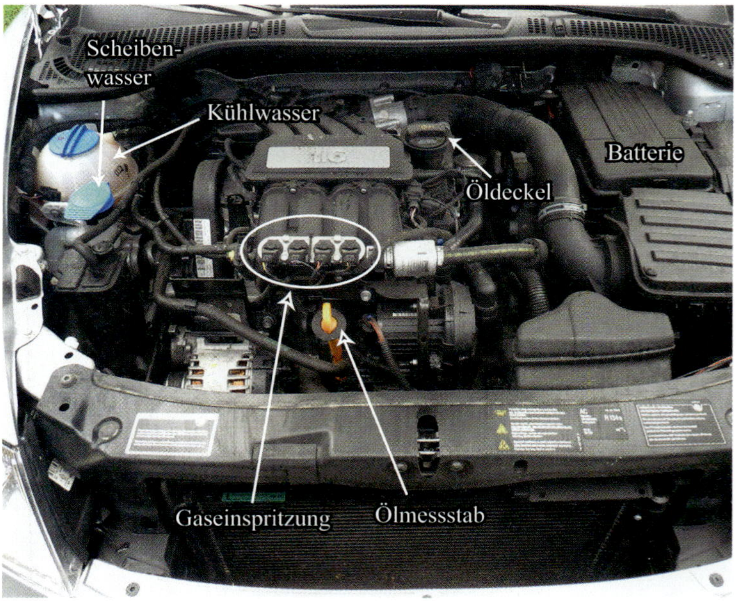

Abb. 21: Motorraum eines bivalenten Fahrzeugs

halb flüchtig. In den aktuellen Verordnungen der Bundesländer wurden diese »Einstellverbote«, längst gestrichen, weil man die Gefahr einer Verpuffung inzwischen eher gering einschätzt. Seltsamerweise haben viele Menschen ein emotionales Verhältnis zu Gas und Benzin. Bei Gas ist die gefühlte Gefahr, dass etwas explodiert, viel höher als bei Benzin. Dabei gehört Benzin zur Gefahrenklasse eins und gilt als der ultimative Brandbeschleuniger. Das wiederum lässt viele kalt, die sich auf der Tankstelle eine Kippe anzünden, weil im Verkaufsraum Rauchverbot besteht.

Survivalkit Starthilfe

Bei Startschwierigkeiten haben sich die folgenden Accessoires bewährt:

- Startehilfekabel-Set
- Taschenlampe
- Abschleppseil oder Abschleppstange
- Kleiner Lüsterklemmenschraubenzieher zum Entfernen der Plastikabdeckung, unter der die Abschleppöse eingeschraubt wird
- Großer Schraubenzieher als Hebel, um die Öse festzuschrauben
- Bedienungsanleitung
- Handy-Ladekabel
- Studentenfutter
- Kaugummis

SOSSEN & SUPPEN: FLÜSSIGKEITEN

Scheiben klar, alles klar

Der Behälter für das Scheibenwischwasser fasst circa vier Liter und befindet sich entweder rechts oder links im Motorraum, oder er ist im Radlauf verbaut. Von dort führt ein Rohr in den Motorraum, damit bequem Flüssigkeit nachgefüllt werden kann. Der Deckel, der hierzu geöffnet werden muss, ist meist farbig, gelb oder blau, und häufig ist ein Scheibenwischersymbol darauf abgebildet. Zur Scheibenreinigung genügt Leitungswasser mit einem Spritzer Spüli. Oder Scheibenreiniger, im Handel erhältlich in der 1-Liter-Flasche beziehungsweise im 5-Liter-Kanister. Im Sommer wird diese Flüssigkeit ohne Frostschutzzusatz verkauft, im Herbst und Winter mit. Deshalb sollte man lesen, was auf dem Kanister steht, und rechtzeitig zu Frostschutz greifen. Je kälter es draußen wird, desto höher muss die Konzentration sein, die über das Mischungsverhältnis mit Wasser hergestellt wird.

Da der Fahrtwind die Luft abkühlt, sinkt die gefühlte Temperatur der Scheibenwaschdüsen, die das Wasser auf die Scheibe spritzen, schnell unter 0 Grad Celsius, so dass sie bei hoher Luftfeuchtigkeit zufrieren, auch wenn es draußen noch gar nicht so kalt zu sein scheint. In den letzten Jahren haben die Pannen mit nicht mehr funktionierenden Scheibenwaschanlagen in der Weihnachtszeit stark zugenommen. Während früher nur ein paar verwahrloste Fahrzeuge Probleme mit der klaren Sicht hatten, betrifft dies inzwischen eher die Neuwagengeneration.

Zu einer ganz anderen Generation gehörte die neunzigjährige Oma, die auf der Heimreise nach Sigmaringen mit ihrem Ford Focus am Rasthof *Allgäuer Tor* auf mich wartete. Das Armaturenbrett des Ford erschien als Bildergalerie mit 13 Enkeln und 3 Urenkeln.

Die fahrende Toilette

An diesem herrlichen, klaren Wintertag zeigte das Thermometer trotz Sonnenschein und Windstille minus 15 Grad Celsius. Die tief verschneite Landschaft erinnerte an ein Kalendermotiv. Die Frontscheibe des Ford Focus passte überhaupt nicht dazu, sah aus wie ein Toilettenfenster im Erdgeschoss. Keiner soll reinsehen. Leider konnte durch diese Milchglasscheibe auch niemand raussehen, was die Fahrerin erboste.

»So kann man doch nicht Auto fahren!«, begrüßte sie mich.

»Das stimmt«, sagte ich.

»Dabei war ich neulich im Kundendienst! Die haben alles gemacht! Haben sie zumindest behauptet!«

Jetzt verstand ich die gereizte Stimmung der älteren Dame.

Im Motorraum suchte ich nach dem Scheibenwaschbehälter und bat die Fahrerin, die Scheibenwaschanlage zu betätigen. Leider musste ich feststellen, dass die Pumpe, die das Wischwasser aus dem Behälter zur Scheibe transportieren sollte, eingefroren war. Wie konnte das passieren? Vermutlich hatte die Werkstatt den Scheibenfrostschutz in den Behälter auf die Reste des Wassers gegossen, das sich noch unten befand. So konnte sich der Frostschutz nicht mit dem Wasser mischen. Dieser Behälter im Radlauf war dem Fahrtwind viel stärker ausgesetzt als ein Behälter im kuschelig warmen Motorraum. So etwas wird von den Konstrukteuren in ihren warmen Büros gelegentlich nicht bedacht. Hätte Oma nach dem Kundendienst die Scheibenwaschanlage betätigt, wäre der Frostschutz vielleicht bis zum Boden gesickert.

Ist ein Behälter einigermaßen zugänglich, kann ich ihn mit meinem Flammenwerfer auftauen. In diesem Fall war das leider nicht möglich.

»Ich kann Ihnen zwei Vorschläge machen«, erklärte ich. »Entweder wir stellen Ihr Auto jetzt in eine warme Hotelgarage, wo die Anlage auftaut, damit Sie sie morgen wieder benutzen können. Oder wir putzen die Scheibe gründlich, und Sie fahren weiter. Allerdings werden Sie oft anhalten und erneut putzen müssen, denn bei einem Wetter wie heute und all dem Salz auf der Straße wird die Scheibe immer wieder verschmieren.«

»Pah!«, machte die Oma. »Wie viele Lappen können Sie mir mitgeben?«

»Für jeden Enkel einen.«

Gummilippen

Scheibenwaschanlage hin oder her: Die Qualität des guten Durchblicks hängt wesentlich vom Zustand der Wischerblätter ab. Sobald die schwarzen Gummilippen ermüden, fängt Regen an zu nerven. Hässliche Schlieren werden gezogen, womöglich quietschend, stöhnend, ächzend, kreischend. Höchste Zeit für einen Satz neuer Wischerblätter. Die gibt es in Kfz-Werkstätten, im Baumarkt, Kaufhaus oder im Autozubehörhandel. Auf den Verpackungen sind die Fahrzeugmodelle aufgeführt, für die sie passen. Wer die Wischerblätter selbst wechseln möchte und es noch nie gemacht hat, dem empfehle ich, es sich vom Mechaniker des Vertrauens zeigen zu lassen. Aber nur ein Blatt. Das zweite können Sie dann schon selbst tauschen – und in Zukunft alle anderen … mit diesem System zumindest. Neues Auto, neues Spiel!

Frostschutz ist kein Frustschutz

Auf der Aral-Tankstelle in München erwartete mich die völlig aufgelöste Frau Wenger. Die Kühlwasserstandsanzeige ihres Mazda hatte im Trappentreutunnel aufgeleuchtet. Daraufhin war sie zur nächsten Tankstelle gefahren und wollte, da es schon Herbst war, kein Wasser, sondern Kühlerfrostschutz auffüllen. Lassen. Denn sie war es gewöhnt, dass dies für sie erledigt wurde. Die Trennung von ihrem Mann lag erst drei Wochen zurück, wie sie mir anvertraute.

»Wissen Sie, ich kenne mich da einfach nicht aus. Also bin ich in die Tankstelle rein und habe den Tankwart gefragt, ob er so nett wäre, den Frostschutz bei mir einzufüllen.«

Ich schmunzelte. »Und, hat er?«

»Ja«, sagte Frau Wenger. »Aber die Lampe leuchtet immer noch. Er sagt, das gibt sich. Aber ich habe mich nicht getraut weiterzufahren.«

Ich betrachtete den Kühlwasserbehälter des Mazda. Halb leer.

»Wo hat er es denn reingefüllt?«, fragte ich Frau Wenger.

Ohne zu zögern, deutete sie auf den Deckel der Scheibenwaschanlage: »Da.«

Dieser Behälter war bis oben voll.

Na super, dachte ich. Glysantin in der Scheibenwaschanlage. Eine schmierige Angelegenheit, suboptimal, wenn Durchblick gefragt ist.

»Schauen Sie doch bitte mal das Zeichen auf dem Deckel an«, bat ich Frau Wenger.

Sie errötete. »Da ist das Symbol für einen Scheibenwischer.«

Ich nickte.

Sie biss sich auf die Unterlippe. »Schon wieder auf 'nen Kerl reingefallen!«, erkannte sie gepresst.

Meiner Erfahrung nach fährt man in den meisten Fällen besser, sich selbst zu vertrauen als anderen, die genauso wenig oder noch weniger Ahnung haben, als man sich selbst zuschreibt. Eine Tankwartuniform ist kein Befähigungsnachweis. Auch ein Dreitagebart oder ein stark behaarter Handrücken verrät nichts über technische Kompetenz. Wer lesen kann, ist im Vorteil. Wer weiß, wo sich die Bedienungsanleitung seines Autos befindet, erst recht.

Der Schaden von Frau Wengers flüchtiger Männerbekanntschaft war leicht zu beheben. Mit einer Plastikspritze saugte ich das falsche Nass aus der Scheibenwaschanlage. Dann füllte Frau Wenger mit ruhiger Hand und einem zufriedenen Lächeln auf den Lippen einen halben Liter Frostschutz in den Kühlwasserbehälter, die Lampe am Armaturenbrett erlosch, und Frau Wenger versprach, den Kühlwasserstand in den nächsten Tagen zu beobachten.

Dampfkochtopf Kühlsystem

Das Kühlsystem ist dazu da, den Motor, der im Brennraum immerhin Temperaturen bis zu 2500 Grad erreichen kann, zu kühlen. Dazu wird Wasser durch Kanäle im Motor gepumpt, wo es Wärme aufnimmt, die es, sobald es durch den Kühler fließt, wieder abgibt. Der Kühler befindet sich vorne, gleich hinter dem Kühlergrill, und hat viele Lamellen. Dadurch vergrößert sich seine Oberfläche, so dass die aufgenommene Wärme des Kühlwassers an die Außenluft abgegeben werden kann. Fahrtwind erhöht den Kühleffekt. Steht das Fahrzeug im Stau, muss ein Ventilator den fehlenden Fahrtwind ersetzen, das hört man auch. Manchmal läuft der Ventilator noch eine Weile nach, wenn man das Auto bereits abgestellt hat. Da der Kühler an der Karosserie befestigt und der Motor beweglich gelagert ist, können keine Rohre zur Verbindung benutzt werden. Die schwarzen, elastischen Gummischläuche, die man in jedem Motorraum sieht, dienen zusätzlich dem Druckausgleich und wirken auf männliche Marder sehr anziehend.

Die Kühlflüssigkeit befindet sich in einem geschlossenen System, aus dem nichts entweichen darf. Wasser kocht bei 100 Grad. Um das zu verhindern, muss das System unter Druck stehen. Kühlwasserverbrauch deutet auf einen Defekt hin und zieht bei Nichtbeachtung beachtliche Folgekosten nach sich. Eigentlich haben alle Autos mindestens eine Kontrollleuchte für das Kühlwasser, die rot blinkt, wenn der Motor zu heiß wird. Zusätzlich gibt es oft eine Anzeige am Armaturenbrett, die die aktuelle Wassertemperatur meldet. 90 Grad sind normal, hier steht der Zeiger in der Mitte. Im Motorraum befindet sich ein sogenannter Ausgleichsbehälter aus milchigem Kunststoff, auf dem der gewünschte Kühlwasserstand mit zwei Markierungen angegeben ist: MIN / MAX oder HOT / COLD. Wippen an der Stoßstange hilft, den schwappenden Wasserstand zu erkennen. Oder Deckel – meist blau, gelb oder schwarz und aus dickem Kunststoff – aufmachen und mit der Taschenlampe reinleuchten. Am besten öffnet man den Deckel – gegen den Uhrzeigersinn – bei kaltem Motor, weil dann kein Druck im System herrscht.

Es ist normal, wenn der Deckel zu Beginn schwer zu bewegen ist. Nach einer Umdrehung geht es leichter. Sollte der Motor warm sein, öffnet man den Deckel mit einem Tuch oder Handschuh, um Verbrühungen zu vermeiden. Da das Kühlsystem wie ein Dampfkochtopf unter Druck steht, muss der Deckel zudem vorsichtig aufgeschraubt werden, damit der Druck entweichen kann. Aus diesem Grund findet man auf vielen Kühlwasserdeckeln das Symbol eines aufgeschlagenen Buches, was bedeutet: Lesen Sie in der Bedienungsleitung, ehe Sie diesen Deckel öffnen! Und schließen Sie den Deckel später wieder ordentlich.

Vor allem japanische Fahrzeuge verfügen über einen Zweistufen-

Abb. 22: Kühlwasserdeckel japanisch/französisch

Verschluss aus Messing mit zwei Nasen, der auf den Kühler geschraubt ist. Er wird durch Drücken und Drehen geöffnet. In unmittelbarer Nähe befindet sich ein Plastikbehälter, an dem man den MIN- und MAX-Stand kontrollieren und Flüssigkeit auffüllen kann. Kühlwasser wird mit einem Zusatz versehen, der den Motor vor Frost und Rost schützt.
Beim Wintercheck, den alle Werkstätten im Herbst anbieten, wird die Konzentration des Kühlerfrostschutzes im Kühlsystem mit einer Frostschutzspindel überprüft. Bis minus 30 Grad sollte das Kühlwasser nicht einfrieren. Vergessen Sie diesen Termin nicht!

Es gibt verschiedene Kühlmittelzusätze, die nicht gemischt werden sollten. Verwenden Sie das vom Hersteller angegebene.

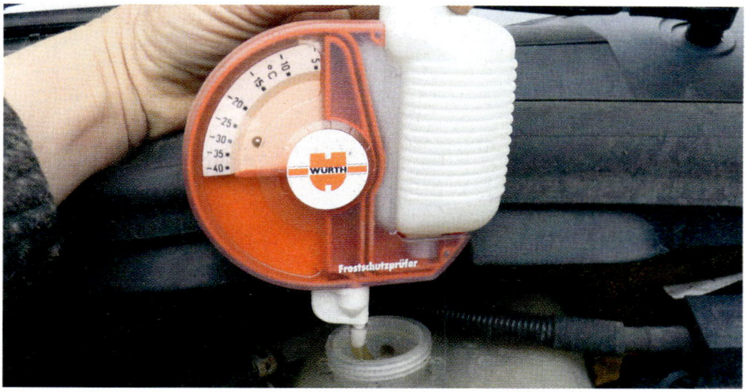

Abb. 23: Frostschutz prüfen, hier: bis –40°

Der Ruf der Prinzessin

Auf dem Weg zu einer Reifenpanne kam ich an der B12 bei Weitnau an einem qualmenden Rover vorbei. Der Fahrer stand mit seinen drei Töchtern ein paar Meter vom Auto entfernt und telefonierte. Als ich anhielt, blickte er für einen Moment verwundert auf sein Handy, dann winkte er mir erleichtert zu.

»Der ADAC! Ein rettender Engel! So schnell! Gerade erst habe ich Ihrer Kollegin meine Mitgliedsnummer genannt. Ich bin noch nicht dazu gekommen, meinen Standort durchzugeben.«

Ich wies auf den Qualm, der als dichte weiße Wolke aus dem Motorraum quoll. »Das war auch nicht nötig.«

Flugs öffnete ich die Motorhaube.

»Explodiert da gleich was?«, fragte der Mann besorgt.

»Nein, das ist das Kühlsystem«, beruhigte ich ihn. »Es kocht.«

»Wie Spaghetti, die blubbern auch, wenn sie kochen«, sagte eines der drei Mädchen, die mir, aufgereiht wie Orgelpfeifen, neugierig zuschauten. Alle waren ausnehmend hübsch gekleidet, mit rosa Schleifchen in den Haaren. Ich schätzte sie auf 6, 8 und 10 Jahre.

»Haben Sie vorher nichts bemerkt? Seit wann kocht der Kühler denn schon?«, fragte ich nach.
»Ich habe in den letzten Tagen einige Male Wasser nachfüllen müssen. Die Wasserstandsanzeige blinkte.«
»Wenn das Kühlsystem so viel Wasser braucht, ist irgendwo etwas undicht.«
»Aha. Natürlich!« Jetzt fiel der Groschen bei dem Mann, und an seinem Gesicht konnte ich ablesen, dass er sich dasselbe fragte wie ich: warum er der Ursache nicht auf den Grund gegangen war. Fahren ohne Wasser ist nicht ungefährlich. Und mit großer Wahrscheinlichkeit war der Motor des Rover nun kaputt. Ich drückte das Kühlsystem ab, so nennt man das, wenn man mit Druckaufbau herausfindet, wo sich eine Undichtigkeit befindet. Wasser tropfte unten am Motor auf den Asphalt.
Eines der Mädchen strich vorsichtig über meinen gelben, schon wieder viel zu schmutzigen Overall. Ich war heute bereits zweimal unter einem Auto gelegen. Ihre Schwester starrte auf meine Schuhe, die auch für Klumpfüße angefertigt sein könnten. Und die kleinste konnte den Blick nicht von meinem Gesicht wenden. Womöglich hatte ich dort einige schwarze Striemen von meinem letzten Kunden, einem Patienten mit Ölkolik. Ich muss öfter in den Spiegel schauen, nahm ich mir mal wieder vor. Nach jeder Panne einmal! Erschüttert stellte ich fest, dass sich die Mädchen mehr für mein Outfit als für meine Tätigkeit interessierten. Wenn ich in Rosa gekleidet wäre wie die Prinzessin Lillifee und mit einem rosafarbenen statt einem gelben Engelmobil vorfahren würde, könnten sie sich vielleicht für meinen Beruf erwärmen.
»Ist der Schaden schlimm?«, wollte der Vater wissen.
»Die Wasserpumpe ist undicht. Bitte starten Sie den Motor und geben Sie stoßweise Gas.«
Im offenen Kühlwasserbehälter blubberten kleine Blasen. Der Auspuff gab weiße Rauchzeichen von sich. Ich übersetzte diese

Nachricht: »Leider ist der Motor wegen der kaputten Wasserpumpe überhitzt, und die Zylinderkopfdichtung ist durchgebrannt. Es befindet sich Abgas im Kühlwasser und Wasserdampf im Auspuff. So können Sie nicht weiterfahren.«
Der Mann seufzte. »Ach, wären wir doch zu Hause geblieben.«
»Bei Wasserverlust ist es immer empfehlenswert, die Ursache herauszufinden. Aus einem kleinen Schaden kann schnell ein ganz großer werden.«
Eines der Mädchen zupfte ihn am Ärmel. »Aber Papi! Wir müssen doch ins Kino.«
Ich konnte mir denken, in welchen Film.

Mit dem Auto durch die Jahreszeiten

Über das ganze Jahr sollten regelmäßig Ölstand und Reifendruck kontrolliert werden. Bei Dieselfahrzeugen, die sehr selten benutzt werden, zum Beispiel bei Wohnmobilen, muss darauf geachtet werden, dass sich im Winter kein Sommerdiesel im Tank befindet. Ab Oktober stellen die Tankstellen von Sommer- auf Winterdiesel um. Winterdiesel versulzt bei kalten Temperaturen nicht so leicht wie Sommerdiesel. Beim Versulzen bilden sich Flocken, die den Filter verstopfen.

Frühling

- Wenn Schnee und Eis der Vergangenheit angehören, ist es sinnvoll, mal eine Unterbodenwäsche vorzunehmen, um das eingetrocknete Salz wegzuspülen. Das verhindert das frühzeitige Rosten unter dem Auto.
- Sobald es nachts nicht mehr unter 8 Grad Celsius kalt wird, können die Sommerreifen montiert werden.

Sommer

- Einfach genießen und rechtzeitig vor den Ferien noch an einen Urlaubscheck denken. Es schadet dem Auto nicht, ihn drei Wochen vorher zu machen, und erleichtert den Werkstätten die Terminplanung.
- Reifen o. k.? Alter, Profil?
- Kundendienst fällig?
- Sollte Ihr Fahrzeug mit einer Klimaanlage ausgestattet sein, lassen Sie einen Klimaservice durchführen, denn der gehört nicht zu den normalen Inspektionsarbeiten. Sie müssen ihn extra beauftragen.
- Sichtkontrolle im Motorraum

Herbst

- Scheibenfrostschutz auffüllen
- Kühlerfrostschutz prüfen – bis minus 30 Grad Celsius
- Sobald es nachts kälter als 8 Grad wird, Winterreifen montieren
- Türgummis mit Silikon oder Hirschtalg einschmieren, damit sie im Winter nicht so leicht festfrieren
- Wischerblätter kontrollieren
- Lichter prüfen – leuchten alle?
- Dieselfreunde tun gut daran, in Gegenden, wo der Winter seinen Namen noch verdient, den Kraftstofffilter vor dem Kälteeinbruch wechseln zu lassen.
- Scheinwerfereinstellung gegebenenfalls prüfen
- Abdeckplane für die Windschutzscheibe, gegebenenfalls Schneeketten und Eiskratzer bereitlegen
- Türschlossenteiser besorgen und nicht im Fahrzeug aufbewahren

Winter

- Durchhalten
- Bei starkem Frost sollte man Nachsicht walten lassen. Elektrische Fensterheber schonen, Scheibenwischer erst enteisen und von Schnee befreien, bevor sie eingeschaltet werden. Auch lohnt es sich, den Schnee vom Autodach zu räumen, der sonst bei der nächsten Bremsung schwer auf die Frontscheibe rutscht. Damit erspart man sich lästige Reparaturen am Scheibenwischergestänge. Sobald es friert, verzichten Sie besser auch auf die Benutzung der Handbremse, wenn es nicht unbedingt nötig ist, sie anzuziehen. Handbremsen kleben oder frieren gerne fest.
- Bei Außentemperaturen unter minus 20 Grad muss man sich seit dem Februar 2012 offensichtlich nach der Winterfestigkeit des Diesels erkundigen und gegebenenfalls einen Fließverbesserer laut Herstellerangabe zufügen oder österreichischen beziehungsweise skandinavischen Diesel tanken. Vor allem neue Dieselfahrzeuge mit Common-Rail-Einspritzung haben sich als winteruntauglich bei Temperaturen unter minus 20 Grad erwiesen, denn ihre Kraftstofffilter sind für den neuen deutschen Winterdiesel zu feinporig und verstopfen.

Was noch so fließt

Bremsflüssigkeit

Die Bremsanlagen in Autos werden hydraulisch betätigt: Die Bremskraft vom Pedal bis zu den Bremsen an den einzelnen Rädern wird über eine Flüssigkeitssäule weitergeleitet. Da beim Bremsen durch die Reibung Wärme entsteht, muss die Bremsflüssigkeit hohe Temperaturen bis 250 Grad Celsius aushalten. Dazu muss sie frei von Wasser sein, denn das würde ja bei 100 Grad zu kochen beginnen, und die dabei entstehenden Luftbläschen, die sich zusammendrücken lassen, würden zu einem »durchfallenden« Bremspedal führen. Der Druck wäre weg: Bremsen unmöglich. Im Lauf der Zeit bindet die Bremsflüssigkeit, obwohl sie in einem geschlossenen System eingesperrt ist, dennoch Wasser, das über die Gummischläuche eindringt. Aus diesem Grund sollte sie alle zwei Jahre kontrolliert und gegebenenfalls in der Werkstatt gewechselt werden.
Im Motorraum befindet sich, zumeist auf der Höhe, in der das Bremspedal im Fahrzeuginnenraum an die Spritzwand stößt, ein kleiner viereckiger Behälter. An ihm ist ein elektrischer Anschluss angebracht, der den Flüssigkeitsstand überwacht. Sobald der Pegel unter MIN sinkt, leuchtet im Armaturenbrett das rote Ausrufezeichen. Bei Verlust von Bremsflüssigkeit darf nicht einfach nachgeschüttet werden. Die Ursachen – Marderbiss am Bremsschlauch,

Vandalismus, abgefahrene Bremsbeläge oder undichte Radbremszylinder – müssen erst behoben werden, da durch den Druckverlust die Bremswirkung beeinträchtigt wird. Mit der gleichen Flüssigkeit wird auch die Kupplungshydraulik versorgt. Bremsflüssigkeit ist sehr giftig und aggressiv. Vermeiden Sie, wenn irgend möglich, jeden Kontakt damit.

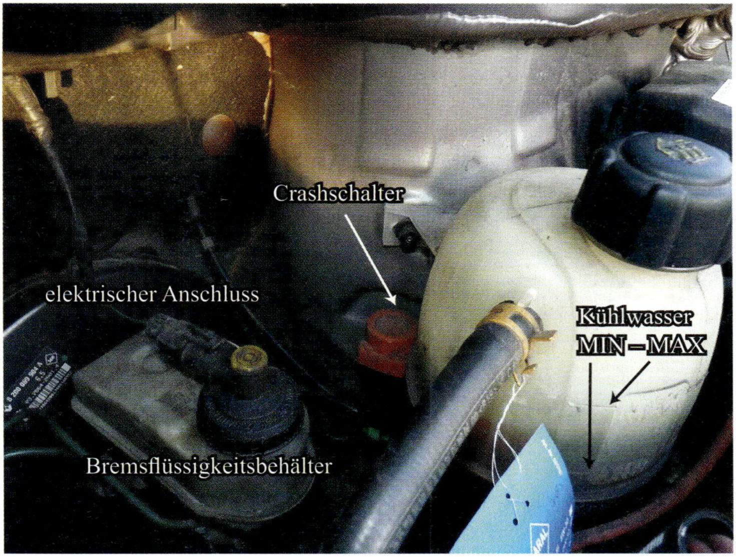

Abb. 24: Bremsflüssigkeitsbehälter und Crashschalter

Servolenkungsöl

Geschichten vom schweißtreibenden Einparken ohne Servolenkung gehören in das Reich der Anekdoten. Autos ohne Servolenkung sind mittlerweile eine Rarität. Die Lenkkraft kann auf zweierlei Art verstärkt werden: elektrisch oder hydraulisch. Bei der hydraulischen Servolenkung unterstützt eine vom Keilriemen angetriebene Pumpe die Lenkbewegungen. Hierzu wird ein spezielles Servoöl verwendet. Auch das befindet sich in einem geschlossenen System mit einem Ausgleichsbehälter im Motorraum. Im Behälterdeckel ist ein Peilstab befestigt, mit dem sich der Flüssigkeitsstand messen lässt. Nachfüllen ist normalerweise nicht nötig. Bei einer undichten Servolenkung tritt durch den hohen Druck sehr schnell das gesamte Öl aus, was zum Trockenlaufen der Servopumpe führt – einem beträchtlichen Schaden. In den letzten Jahren werden immer öfter elektrische Servolenkungen verbaut, sie sind wartungsfrei. Dennoch kann mal eine Sicherung durchbrennen.

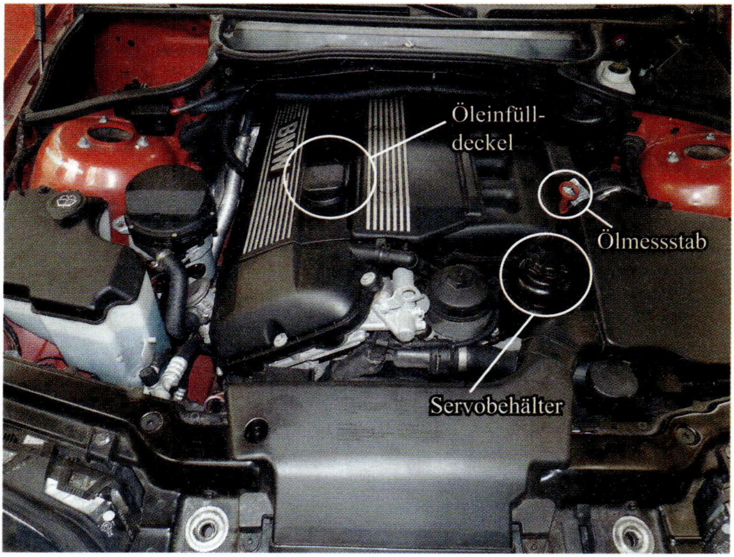

Abb. 25: Servolenkungsbehälter im Motorraum

Der Ausfall einer Servolenkung wirft Sie zwar um Jahrzehnte zurück, doch die Lenkfähigkeit bleibt erhalten, auch wenn sie Kraft kostet. Ob Sie so weiterfahren dürfen, ist modellabhängig. Überlassen Sie die Entscheidung Fachleuten.

Kältemittel

Die Klimaanlage im Auto funktioniert wie der Kühlschrank zu Hause. In einem geschlossenen System wird ein Kältemittel vom Klimakompressor verdichtet und in einen Wärmetauscher gepumpt, in dem es sich dann wieder entspannt. Dabei kühlt es ab und ist in der Lage, Wärme aus der Umgebungsluft aufzunehmen. Nachdem das böse FCKW uns ein großes Ozonloch beschert hat, wurde es durch R134 a ersetzt, welches wiederum zum Treibhauseffekt beitrug. Bedauerlicherweise sind die derzeit verwendeten Kältemittel auch nicht harmlos, obwohl es technisch möglich wäre, Klimaanlagen mit CO_2 zu betreiben. Schließlich haben wir ja genug davon, und wir könnten ein bisschen was davon in Klimaanlagen einsperren.

Obwohl die Klimaanlage ein geschlossenes System ist und die Hersteller behaupten, sie sei wartungsfrei, entweicht im Laufe der Zeit die gesamte Flüssigkeit, zum Schaden der Umwelt. Trotzdem werden mittlerweile fast alle Autos mit Klimaanlagen ausgestattet. Durchschnittlich verliert jede Klimaanlage jährlich etwa 10 Prozent ihrer Flüssigkeit. Das Kältemittel sollte circa alle zwei Jahre von einer Werkstatt aufgefüllt beziehungsweise gewechselt werden, sonst geht die Klimaanlage kaputt. Diese Arbeit wird nicht automatisch bei den Inspektionen durchgeführt! Hier müssen Sie eigenverantwortlich an die Gesundheit Ihres Autos denken, wenn Sie teure Schäden am Klimakompressor vermeiden wollen.

Alles Essig ohne Öl

Jeder Motor verbraucht Öl. Die einen sehr wenig, andere bis zu einem Liter auf 1000 Kilometern. Deshalb sollte man den Ölstand zu Beginn einer neuen und hoffentlich langen Partnerschaft mit einem Auto alle 1000 Kilometer kontrollieren, um den Verbrauch einschätzen zu können. Verfügt das Fahrzeug über eine elektrische Ölstandskontrolle, also eine gelbe Öllampe im Armaturenbrett, kann man sich entspannt in seinem Schalensitz zurücklehnen und warten, bis sie aufleuchtet. Für alle anderen heißt es: Haube auf und los.

So hatte es auch das sympathische ältere Ehepaar aus München gehalten, bevor es die Reise in die Schweiz antrat. Öl kontrolliert und aufgefüllt, das hatten die beiden in ihrer langen Beziehung mit dem betagten Mercedes schon oft gemacht. Aber an diesem Samstag schien irgendetwas schiefgelaufen zu sein, und so trafen wir uns eine Stunde nach ihrem Aufbruch auf dem Seitenstreifen der A96. Mein Display hatte mir *Rauchentwicklung im Motorraum* gemeldet, und *riecht verbrannt.*
Als ich die Haube öffnete, entdeckte ich einen frisch geölten Motor – nur leider nicht innen, sondern außen. Schnell war der Täter entlarvt. Er befand sich auf der Flucht: Der Öldeckel fehlte. So war das ganze schwarze Gold nach und nach durch die Öffnung oben ausgetreten und hatte sich im Motorraum verteilt, bis es auf den heißen Auspuffkrümmer tropfte und dort verbrannte, was zu dem unangenehmen Geruch führte, den ich aus meiner Küche kenne – immer dann, wenn ich glaube, telefonieren und kochen klappt gleichzeitig.

Das Ehepaar wirkte sehr zerknirscht.
»Wie konnte uns das nur passieren?«, fragten sie sich und rückten

noch ein bisschen enger zusammen. Und weil sie sich nicht gegenseitig bezichtigten, sondern in guten und schlechten Zeiten zusammenhielten, fiel ihnen schnell ein, dass einem weitaus Schlimmeres im Leben passieren konnte als ein vergessener Öldeckel. Der hatte wohl nur auf diese mildernden Umstände gewartet und kullerte auf den Asphalt, als ich mit einem Schraubenzieher in den Tiefen des Motorraums herumstocherte. Es war Wochenende, und so schleppte ich den Mercedes zu einer Werkstatt in Leutkirch, wo der hilfsbereite Chef höchstselbst den Motor reinigte und Öl auffüllte.

»Dreh du zu«, bat die Frau den Mann.

»Nein du«, sagte er.

»Egal, wer zudreht«, meinte er. »Wir haben ja immer einen Zeugen.«

Sie lachten, froh, dass alles so gutgegangen war.

Schließlich nahm ich mich des Deckels an, vor »zwei Zeugen«, und wünschte mir still und leise, die beiden mögen noch lange so füreinander einstehen in reichen guten Zeiten.

Ölstand messen

Der Ölmessstab befindet sich im Motorraum links, rechts, vor oder hinter dem Motor.

»Wo?«, hatte mich Hob einmal gefragt.

»Der Motor ist das große Teil, auf dem oben ein Öldeckel drauf ist«, hatte ich damals einfallsarm geantwortet und den Satz nie mehr vergessen. Hob schon, wie ich immer wieder feststellen musste.

Das obere Ende des Messstabes ist meistens farbig markiert, damit man es leichter findet. Ziehen Sie den Stab ganz heraus und merken Sie sich die Stelle, denn da muss er später wieder reinge-

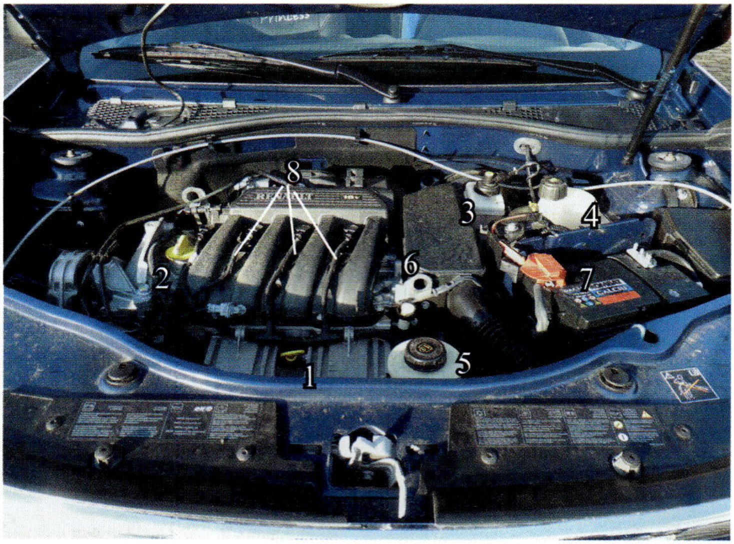

Abb. 26: Öldeckel / Marderschutz

1. **Ölmessstab**
2. **Öleinfülldeckel**
3. **Bremsflüssigkeitsbehälter**
4. **Kühlwasserbehälter**
5. **Servolenkungsbehälter**
6. **Starthilfepunkt Minus**
7. **Batterie Pluspol**
8. **Marderschutz: Plastikkabelschächte an den Zündkabeln**

steckt werden. Legen Sie dorthin beispielsweise einen Lappen. Dann wischen Sie den Messstab mit einem anderen Lappen ab.
Jetzt können Sie die MIN- und MAX-Markierung am unteren Ende des Stabes erkennen. Dazwischen sehen Sie einen geriffelten oder abgesetzten Abschnitt, circa einen Zentimeter lang: die Toleranz, in der sich das Öl befinden sollte. Nun stecken Sie den Stab bis zum Anschlag in das Röhrchen, ziehen ihn wieder raus und stellen fest, wie weit der Stab mit Öl bedeckt ist.
Der Unterschied zwischen MIN und MAX beträgt circa einen halben Liter. Sollte Öl fehlen, füllen Sie das passende Öl (siehe S. 92)

nach. Dazu öffnen Sie den Öleinfülldeckel des Motors. Er ist gelb oder schwarz mit der Aufschrift *Oil* oder einer abgebildeten Ölkanne versehen. Der Deckel geht etwas bis ziemlich unwillig auf, wie ein handelsübliches Gurkenglas: gegen den Uhrzeigersinn. Bevor Sie hier das neue Öl einfüllen, bringen Sie vorsichtshalber den Öldeckel in Sicherheit. Legen Sie ihn nicht irgendwo im Motorraum ab, er wird sich in die Tiefen des Unterfahrschutzes stürzen oder sich an einem anderen Ort unsichtbar machen und in Vergessenheit geraten.
Nachdem Sie frisches Öl eingefüllt haben, warten Sie etwa eine Minute, bis es unten in der Ölwanne angekommen ist. Dann messen Sie erneut und füllen eventuell Öl nach. Und nun das Wichtigste, was gerne in der Euphorie, die die Nähe zu Öl auslöst, vergessen wird: Schrauben Sie den Öldeckel zu, und zwar so fest, wie er vorher war! Sonst … lernen wir uns kennen.

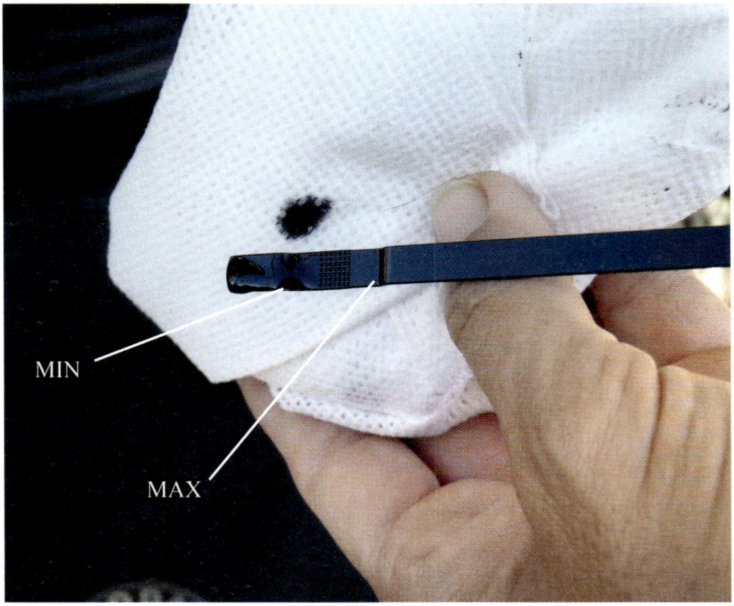

Abb. 27: Ölstand messen

Abb. 28: Öl einfüllen

Die Lambadasonde

Auf dem Parkplatz des Baumarktes lernte ich Bini und Tini kennen, toughe junge Frauen in der Ausbildung zur Speditionskauffrau. Mobilität war sozusagen ihr Alltag, und um die zu bewahren, hatten sie sich Öl gekauft. Sie wussten, dass man nicht irgendein Öl in den Motor füllt, sondern bestimmte Spezifikationen zu beachten sind. Jeder Fahrzeughersteller gibt Öle für seine Modelle frei, mit der Bezeichnung *API sowieso.* Lesen Sie hierzu in Ihrer Bedienungsanleitung unter dem Stichwort *Öl* oder *Technische Daten* nach.

Motorenöle unterscheiden sich einerseits in ihrer Geschmeidigkeit, also in welchem Temperaturbereich der Schmierfilm optimal ist, andererseits in ihrer Langlebigkeit. Normalerweise sollte man dem Fahrzeug alle 10 000 Kilometer einen Ölwechsel gönnen.

Seit es sogenannte Longlife-Motorenöle gibt, haben sich die Wechselintervalle auf 30 000 Kilometer erhöht. Man kann Motorenöle miteinander mischen, allerdings werden sie dadurch nicht besser. Wenn man Longlife-Öl auf normales Öl schüttet, wird das Ölwechselintervall nicht länger; wenn man auf ein Longlife ein normales Öl schüttet, verkürzt es sich.

So viel wussten Tini und Bini auch, wie sie mir gleich erzählten, als ich aus dem Engelmobil gestiegen war.
»Wir wollten natürlich nicht in die Autoapotheke«, erklärte Tini mir, »deshalb haben wir das Öl hier im Baumarkt gekauft.«
»Und das Autozubehörgeschäft hatte schon geschlossen«, ergänzte Bini.
»Ja, das verstehe ich. Ich finde auch, dass es schwierig ist, in der Autoapo… auf der Tankstelle das richtige Öl für sein Auto zu finden. Die haben zwar eine Öltheke voller Flaschen, aber oft weiß das Personal nicht Bescheid.«
»Und außerdem fehlt da die Liste von den Herstellern«, zeigte Tini sich kundig.
Ich nickte. »Das kommt auf Tankstellen häufig vor. Manchmal sprechen mich Leute beim Tanken an und wollen eine Beratung, welches Öl sie kaufen sollen.«
Bini hob ihren Kanister in die Höhe. »Und was sagen Sie dazu?«
Ich las das Kleingedruckte und gab das Öl frei.
»Genau!«, rief Tini. »Wir haben alles richtig gemacht. Wir haben das richtige Öl gekauft, wir haben es eingefüllt. Aber trotzdem leuchtet jetzt die gelbe Anzeige im Armaturenbrett.«
»In der Bedienungsanleitung steht irgendwas mit Lambadasonde«, ergänzte Bini.
»Lambdasonde«, korrigierte ich, öffnete die Motorhaube und sah auf den ersten Blick, dass der Öldeckel nur halb zugedreht war.
»Oh!«, machten Tini und Bini wie aus einem Munde.

»Tja«, sagte ich. »Den müsst ihr schon ordentlich schließen.«
»Äh, das waren wir nicht.«
Erstaunt schaute ich mich um. »Aha?«
»Also das war nämlich so«, begann Tini, und Bini fuhr fort: »Wir haben den blöden Deckel nicht aufgebracht. Der war total festgedreht. Also haben wir einen Mann gefragt, der zufällig vorbeikam. Der hat ihn aber auch nicht auf Anhieb und dann nur mit einem Tuch aufgekriegt.«
Tini machte weiter: »Der war echt total nett. Er hat auch das Öl für uns eingefüllt, weil er praktisch schon schmutzige Finger hatte.«
»Und den Deckel wieder zugedreht?«, vollendete ich.
Die beiden nickten.
»Als wir losfuhren, hat das Auto nicht mehr richtig gezogen. Dann ging das gelbe Licht an – und dann haben wir den ADAC angerufen – und schon waren Sie da!«
»Und gleich bin ich wieder weg«, sagte ich, denn alles, was ich hier tun musste, war, den Öldeckel richtig zuzudrehen und den Fehlerspeicher des Opel Corsa zu löschen. Denn die Falschluft, die durch den nicht verschlossenen Öldeckel angesaugt wurde, hatte die Berechnung der Einspritzanlage so durcheinandergebracht, dass das System sicherheitshalber in den Notlauf gegangen war.

Der Ölwechsel

Bei einem meiner Pannenkurse brachte eine Teilnehmerin eine Gebrauchsanleitung zum Ölwechsel mit, die in der Runde für allgemeine Erheiterung sorgte. Ich habe sie ein wenig getunt. Auch wenn die Einteilung nach Geschlechtern nicht mehr dem Selbstverständnis vieler Frauen und Männer entspricht, kann man hier doch eigene oder nahestehende Persönlichkeitsanteile erkennen:

Der Ölwechsel in Frauenhand

Zehntausend Kilometer nach dem letzten Ölwechsel wieder mal in die Autowerkstatt fahren. Dort entspannt einen Latte macchiato trinken. Nach 30 Minuten Kreditkarte durch Scanner ziehen und mit frisch geöltem Fahrzeug, einem Lächeln und einem Tupfer Milchschaum auf den Lippen, die Werkstatt verlassen.

Der Ölwechsel in Männerhand

Tag eins

Ins Zubehörgeschäft fahren, Öl, Ölfilter, Ölbinder, Reinigungscreme kaufen. Zu Hause entdecken, dass der Behälter für das Altöl seit dem letzten Ölwechsel nicht geleert wurde und randvoll ist. Bier aus Kühlschrank nehmen. Kumpel anrufen. Über Altölbehälter, die sich nicht eigenständig leeren, philosophieren.

Tag zwei

Die große Schüssel für den Kartoffelsalat aus der Küche entwenden. Fahrzeug aufbocken. Auf halber Strecke feststellen, dass die Klötze fehlen. Dreißig Minuten suchen. Dazwischen ein Bier holen und Motor warm laufen lassen. Klötze plazieren. Weiter aufbocken. Salatschüssel unter Motor schieben. 17er-Schraubenschlüssel suchen. Nicht finden. Kumpel anrufen. Über 17er-Schraubenschlüssel, denen Beine wachsen, nachdenken. Bier. Verstellbaren Schraubenschlüssel (Franzose) einsetzen. Ablassschraube lösen. Ablassschraube in Wanne mit heißem Öl werfen. Sich dabei mit heißem Öl bekleckern. Sauerei wegwischen. Bei einem weiteren Bier beobachten, wie das Öl abläuft. Ölfilterband suchen. Aufgeben. Ölfilter mit Schraubenzieher einstechen. Abrutschen. Bluten. Pflaster suchen. Aufgeben. Daumen lutschen. Ausspucken. Ölfilter abschrauben. Bier trinken. Kumpel taucht auf. Bierkiste mit ihm zusammen leeren. Vorsatz fassen: Ölwechsel morgen beenden.

Tag drei
Salatschüssel voll mit Altöl unter dem Fahrzeug hervorziehen. Bindemittel auf Öl streuen, das gestern beim Abschrauben des Ölfilters verschüttet wurde. Bier trinken wollen. Zum Getränkemarkt gehen, Bier kaufen. Neuen Ölfilter einbauen, dabei dünnen Ölfilm auf die Dichtung aufbringen. Ersten Liter Öl in den Motor einfüllen. Sich dann an die Ablassschraube erinnern. Hektisch die Schraube in der Salatschüssel suchen. Bier trinken. Den ersten Liter Öl vom Boden der Garage wischen. Bier. Wischen. Bier. Rudimentäre Körperreinigung. Feststellung, dass Arme und Hände Wochen benötigen werden, bis sie wieder richtig sauber sind. Bier. Beim Anziehen der Ablassschraube mit dem Franzosen abrutschen. Die Fingerknöchel an der Karosserie aufschlagen. Kopf auf Boden schlagen. Öl im Gesicht. Fluchen. Franzosen wegschleudern. Weitere zehn Minuten fluchen. Bier. Hände und Stirn reinigen und verbinden, um Blutfluss zu stoppen. Bier. Vier Liter frisches Öl einfüllen. Bier. Auto von Böcken ablassen. Fahrzeug zurücksetzen, danach Bindemittel auf das verschüttete Öl streuen. Bier. Probefahrt. Auf die Seite gewinkt und wegen des Fahrens unter Alkoholeinfluss aus dem Verkehr gezogen.

Obwohl ich auch als erfahrene Schrauberin solchen Mengen Bier nicht gewachsen wäre, erkenne ich doch einzelne Passagen aus meinem eigenen Leben wieder. Schön, wenn man über sich lachen kann!

Survivalkit Flüssigkeiten

Was Sie für den Umgang mit Flüssigkeiten benötigen:

- Eventuell Trichter für Öl
- Gießkanne für Leitungswasser in Scheibenwaschbehälter
- Putzlappen

GUMMIORGIEN

Wenn der Marder ranzt

Mardermännchen lieben Gummi. Vor allem lauwarmes Gummi. Wenn sie im Frühling ihre Reviere festlegen, um sich auf die Ranzzeit im Sommer vorzubereiten, feiern sie rauschende Gummiorgien unter Motorhauben. Besonders gefährdet sind in dieser Hochzeit des Markierens Besucherautos, die nur vorübergehend im heimischen Revier parken. Sie müssen gründlich und erbarmungslos in Besitz genommen werden. Die Konkurrenz schläft schließlich nicht, wie der Marder erkennt, wenn Nebenbuhler ihre Duftmarken hinterlassen haben. In einem solchen Fall muss besonders scharf geschossen werden.

Leider uriniert der Marder nicht nur in den Motorraum. Je nach Testosteronspiegel kann sein Ranztanz in einer One-Man-Gummishow enden. Eine Vorbereitung? Ein Marderweibchen wird im Sommer befruchtet, das Ei geht danach – wie bei Rehen – in den Stand-by-Modus und entwickelt sich erst im kommenden Jahr. Was die Marderweibchen sonst so treiben, berührt das Leben von Autos und ihren Angehörigen kaum. Es sind die Jungs, die Ärger machen.

Abb. 29: Fußabdruck Marder und Katze

Oft verraten Fußspuren am Auto den unerwünschten Besucher. Aber nicht alle Gäste nehmen auch an den Orgien teil: Abdrücke ohne Krallen stammen von Katzenpfoten, die heiße Marderspur hinterlässt ein Krallenlogo.

Abb. 30: Fipsi in Ekstase

Marders Leidenschaft gilt Kühler-, Unterdruckschläuchen und denen der Scheibenwaschanlage. Besonders beliebt sind Zündkabel mit Fischmehlanteil sowie sonstige elektrische Kabel und Gummimanschetten von Lenkung und Antriebswellen. Der Angriff auf letztere führt zu teuren Reparaturen, zumal der Schaden meist nicht gleich auffällt.

Sollte die Scheibenwaschanlage betroffen sein, erkennt man das an einem nach Alkohol riechenden See unter dem Auto. Von Alkoholexzessen auf Marderpartys ist bisher nichts bekannt, der Rückschluss jedoch zulässig. Wenn der Unterdruckschlauch zu den Opfern gehört, leuchtet die gelbe Motorwarnleuchte zuweilen auf (siehe auch Kapitel »Das Mäusekino: Kontrollleuchten«).

Ein defektes Zündkabel wird Ihnen schon auf der nächsten Fahrt einen Fehler melden. Wenn das Auto überhaupt anspringt, läuft es so unrund wie ein Sack Nüsse. Eine kaputte Antriebswellenmanschette wird leicht übersehen, weil sich die Antriebswelle unter dem Wagen befindet und auf den ersten Blick nichts mit der Funktion des Autos zu tun hat: irgendein Gummiteil. Doch diese Staubschutzmanschette hält das Fett auf dem Gelenk der Antriebswelle. Sie treibt die Räder an und dreht sich somit genauso schnell wie diese. Ohne die Manschette würde das Fett durch die Fliehkräfte nur so durch die Gegend spritzen. Genau das passiert früher oder später bei zerbissener Manschette. Wenn das Gelenk trocken läuft, knirscht es eine Weile und reißt ab. Meistens passiert das in einer Kurve, wenn die Lenkung stark eingeschlagen ist. Es macht ein letztes Mal *knack,* der Motor läuft zwar noch, aber das Auto fährt nicht mehr. Das wäre nicht nötig gewesen, wenn man den Schaden frühzeitig bemerkt hätte.

Die äußeren Antriebswellenmanschetten kann man sehen, wenn man die Lenkung des Fahrzeugs stark einschlägt und von vorne in den Radlauf blickt.

Abb. 31: Antriebswellenmanschette außen und innen

Um alle Manschetten sehen zu können, müssten Sie sich unter das Auto legen. Oft verhindert aber eine Unterbodenabdeckung die Sicht, so dass die Kontrolle doch der Werkstatt überlassen werden muss.
Ein regelmäßiger Blick unter die Motorhaube verrät unerwünschten Besuch. Ein untrügliches Zeichen ist die zerfetzte Lärmdämmung der Motorhaube. Das sieht zwar nicht schön aus, hat aber keine Folgen. Da wäre man noch mal glimpflich davongekommen. Leider kann man sich nicht darauf verlassen. Marder im Wohngebiet erfordern engmaschige Motorraumkontrollen! Wem der Motor ein vertrauter Anblick ist, dem fallen Veränderungen, die der Marder geschmäcklerisch vorgenommen haben mag, schnell auf. Manchmal bringen die ungebetenen Gäste übrigens Geschenke mit: Käse, Obst, kleine schwarze Würstchen.

Faule Nachbarn

»Ich bring ihn um, ich bring ihn um!«, Herr Fäustle war außer sich. »Das ist das dritte Mal in diesem Jahr!«
»Sprechen Sie von einem Nachbarn?«, fragte ich. Eben hatte ich auf Radio B2 eine Reportage über die Internetplattform *Rotten Neighbours* gehört.
»Ha! Mein Nachbar! Ha!« Herrn Fäustles Gesichtsfarbe ähnelte einer Sauerkirsche. »Wissen Sie, was mich mein sogenannter Nachbar bis jetzt gekostet hat? Im Mai die Achsmanschette und die Kühlerschläuche. In der Nacht nach dem Werkstatttermin war er wieder da. Diesmal hat er die Zündkabel zerbissen. Also hab ich mir einen Marderschutz einbauen lassen. Obwohl es ja heißt, so was hilft nicht. Aber nein, ich hab mich bequatschen lassen. Und jetzt? Jetzt springt er schon wieder nicht an. Wissen Sie, was mich dieses blöde Vieh Zeit kostet? Und Nerven! Und Geld!«

»Ich kann es mir vorstellen«, sagte ich.
Ich schaute mir den in der Hofeinfahrt des Einfamilienhauses stehenden Mitsubishi Galant an. »Wann ist er denn das letzte Mal gelaufen?«, fragte ich Herrn Fäustle.
»Ich habe ihn vorhin kurz aus der Garage gefahren, um ihn zu beladen. Als ich dann loswollte, ist er nicht mehr angesprungen.«
»Haben Sie öfter probiert zu starten?«
»Ein paar Mal.«
Meine Erfahrung sagte mir, dass der falsche teure Nachbar gar nicht so anhänglich war, wie Herr Fäustle es ihm unterstellte. Diese Panne roch hausgemacht. Ich zog die Benzinpumpensicherung heraus und startete den Motor einige Minuten in der Hoffnung, so den unverbrannten Kraftstoff herauszublasen. Dann steckte ich die Sicherung wieder hinein und startete erneut.
Der Wagen sprang sofort an und stieß eine qualmende Wolke aus dem Auspuff.
Herr Fäustle staunte. »Also hat er diesmal nur ein bisschen gebissen?«
»Er hat gar nicht gebissen. Sie haben den Motor kurz gestartet und dann gleich wieder ausgemacht. Das mag er nicht. Er hat sich quasi verschluckt. So etwas kommt bei Fahrzeugen mit Einspritzanlagen sehr häufig vor. Dafür sind Autos nämlich nicht gebaut. Gerade beim Kaltstart ist es wichtig, dass der Motor, wenn er einmal angesprungen ist, einige Minuten läuft, ehe man ihn wieder abstellt. Unmittelbar nach dem Starten wird so viel Kraftstoff eingespritzt, dass der Motor leicht absaufen kann. Stellt man ihn dann ab, passiert das Gleiche beim nächsten Start. Er verschluckt sich erneut. Mit jedem neuen Startversuch kommt immer mehr Benzin dazu. Benzin allein verbrennt nun mal nicht. Das Mischungsverhältnis von Benzin und Luft beträgt idealerweise ein Teil Benzin auf gut vierzehn Teile Luft. Nach mehreren solchen Startversuchen hat man zehn Teile Benzin und einen Teil Luft.«

»Hm«, machte Herr Fäustle. »Also doch kein Marder.«
Ich schüttelte den Kopf.
»Dann haben die Elektroschockplatten Wirkung gezeigt?«
»In dubio pro reo.«

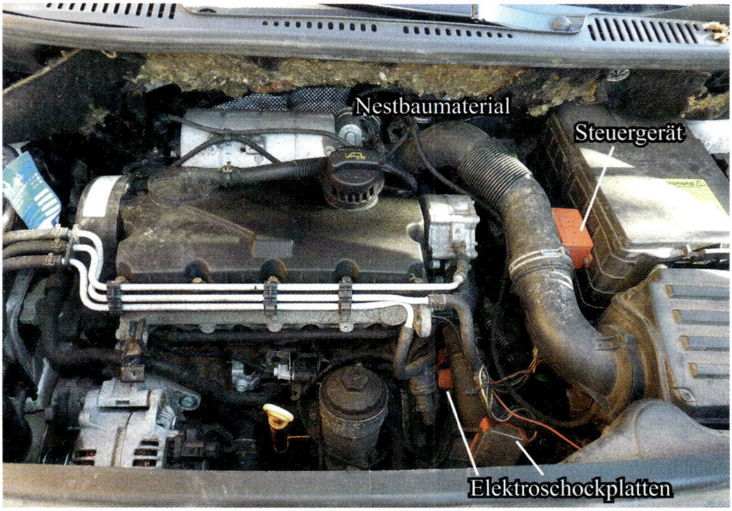

Abb. 32: Marderschutz und Spuren; siehe auch Abb. 26

Marderschutz

Wenn ein Marder einen Wagen markiert hat, sollte man nicht nur den Schaden beheben, sondern auch eine Motorwäsche machen lassen, um die Markierung zu beseitigen, damit keine Nebenbuhler provoziert werden. Auf dem Zubehörmarkt gibt es unzählige Angebote, Autos vor Mardern zu schützen. Nachfolgend die gängigsten. Wer sich in der Lage sieht, seine schwedischen Möbel ohne professionelle Hilfe zusammenzubauen, wird auch die meisten Anti-Marderschutz-Maßnahmen selbst installieren können … wenn er oder sie das möchte.

Elektroschockplatten

Nach dem Weidezaunprinzip werden an den Stellen, wo der Marder gern den Motorraum entert, Metallplättchen montiert, die ein kleines Steuergerät mit Hochspannung versorgt. Sobald ein Marder eines der Plättchen berührt, erhält er einen leichten Stromschlag. Er erschrickt, ergreift die Flucht und rächt sich an einem anderen Auto.

Aussperren

Den Zugang verweigern klappt mit einfachem Hasendraht: feiner Maschendraht, der unter das Fahrzeug gelegt wird, am besten in einen Holzrahmen gespannt, der die Breite zwischen den Vorderreifen misst. Sonst schlüpft der Marder am Rand durch. Volkswagen sperrt die Marder nicht nur aus, sondern schottet gleich den Motorraum ab. Bei diesem System verschließen Borstenvorhänge die seitlichen Öffnungen des Motorraumes zu den Antriebswellen und ein Blech den Einstieg hinten unten am Motor.

Ultraschall

Diese umstrittene Methode soll die Marder mit für Menschen unhörbaren Tönen verscheuchen. Klappt nur bedingt. Die Haustiere in den Wohnungen, vor denen das piepende Auto steht, können leider nicht weg. Das hört sich für die dann vermutlich an wie ein stundenlanger Weckalarm für uns.

Neu: das Ausklopfen des Marders. Da merkt die Jägerin auf. Unregelmäßig auftretende Klopfgeräusche sollen den Motorraum auch für den Marder zu dem machen, was er für viele Menschen ist: unheimlich.

Kabelschutz

Eignet sich nur zur Ummantelung der Zündkabel, die durch geschlitztes Wellrohr aus Hartkunststoff geschützt werden. Kühlerschläuche und Achsmanschetten bleiben bei dieser Methode ungeschützt. Die Ummantelung sollte so verlegt werden, dass sie weder an bewegliche noch an heiße Teile geraten kann.

Eine haarige Alternative

Sehr einfach einzubauen sind Hundehaare. Man kann sie mit Gewebeband in kleinen Büscheln zum Beispiel an die Kühlerschläuche kleben, so dass jeder vorbeiflanierende Marder gleich riecht, dass hier schon jemand wohnt, der keinen Humor hat. Man sollte die Haarbüschel nicht an Teilen befestigen, wo sie verschmoren, denn das stinkt sehr unangenehm. Also Zündkabel und Nähe des Auspuffkrümmers meiden.

Reine Männersache

Unvergessen ist mir der gepflegte ältere Herr mit strahlend weißem Seidenschal, dessen Wagen vor seinem Atelier nicht mehr angesprungen war. Er musste dringend zu einer Vernissage. Ich hatte die Motorhaube kaum geöffnet, da fragte er mich, von seiner Naturverbundenheit selbst ganz hingerissen, was ich davon halten würde, wenn man, um Marder zu vertreiben, in den Motorraum pinkeln würde. Entgeistert starrte ich ihn an.

»Hab ich gemacht. Seither kein Marder«, strahlte er.

Add blue, dachte ich. So nennt man die Einspritzung von Harnstoff in der Kfz-Technik. Das erste Mal in meiner Zeit als Automechanikerin war ich gewillt, von jetzt gleich bis in alle Ewigkeit Handschuhe bei der Arbeit zu tragen.

Gelegentlich kommen wir Gelben Engel mit richtigen Tieren in Berührung, nicht bloß mit toten Insekten an der Windschutzscheibe. Einer meiner Kollegen befreite kürzlich eine Katze, nachdem sich zuvor zwei Nachbarsjungen, zwei Polizisten und sechs Feuerwehrleute vergeblich bemüht hatten, sie aus dem Motorraum zu retten. Das Tier hatte sich so in den Hydraulikschläuchen der Servolenkung verfangen, dass mein Kollege von unten die Motorabdeckung abschrauben und anschließend Teile der Einspritzanlage und den Ansaugkrümmer ausbauen musste.

Ein anderer Kollege in München staunte nicht schlecht, als es aus dem Motorraum eines VW Touran hell bellte. Nach Beseitigung der Bodenabdeckung und Abbau einiger Aggregate stieß er auf einen blinden Passagier. Der circa elf Wochen alte Welpe war, wie die Wagenbesitzer herausfanden, seit Italien im Motorraum mitgefahren. Zwischen Keilriemen, Lenkgestänge, Elektrik und heißen Abgaskrümmern hatte das kleine Hundemädchen rund tausend Kilometer zurückgelegt! Der Asylantrag wurde sofort bewilligt: Der Welpe durfte bleiben.

BLINKEN & BLENDEN: LIGHTSHOW

Ganz entspannt im Cyberwar

»Danke, dass Sie so schnell gekommen sind!«, begrüßte mich die Frau in meinem Alter, die an einem kleinen Parkplatz an der B16 bei Füssen auf mich wartete. Seit einer Stunde war es dunkel, und dies war kein Ort, an dem eine Frau sich gern allein aufhält … beziehungsweise lieber allein als in schlechter Gesellschaft. Ich entschuldigte mich für die lange Wartezeit. Doch Frau Blum hatte ihre Begrüßung gar nicht ironisch gemeint. Offenbar hatte sie nicht aktiv, sprich: gestresst gewartet. »Ich habe mir die Meditations-CD angehört, die mir mal eine Freundin geschenkt hat. Als mir klarwurde, dass ich es zu meinem Vortrag in Schongau nicht mehr schaffe, war es hier eigentlich recht entspannt.«

»Vielleicht schaffen Sie es doch noch? Wann fängt er denn an?«

»Um 19:30 Uhr.«

Ein Blick auf meine Schweizer Bahnhofsuhr zeigte mir, dass der Vortrag in zehn Minuten beginnen würde. So konnte auch ich diese Panne ganz entspannt angehen. »Wie kann ich Ihnen helfen?«

»Das Licht ist plötzlich ausgefallen, ich bin dann noch, vom Mondlicht geleitet, bis zu diesem Parkplatz gefahren und habe als Erstes die Sicherungen kontrolliert. Die beiden für das Licht sind in Ordnung – und so war ich mit meinem Latein am Ende.«

Ich bezweifelte, ob mir in diesem Fall mein großes Latinum helfen würde, und beschloss, neusprachlich vorzugehen, indem ich das Licht einschaltete. Rücklicht und Standlicht brannten, aber kein Abblendlicht. Ich öffnete die Motorhaube und leuchtete mit der Taschenlampe von innen an die Scheinwerfer. Ich nahm mir zuerst den rechten vor, weil er leichter zugänglich war. Ich öffnete den Plastikdeckel und gelangte so zur Rückseite der Scheinwerferbirne, an die ein Stecker aufgeschoben war. Den löste ich durch Wackeln und Ziehen. Dann untersuchte ich die Befestigung des Leuchtmittels, wie die Birne in der Fachliteratur genannt wird.

Diesbezüglich gibt es einige Varianten, die mir durch häufigen Kontakt wohlvertraut sind. In der Bedienungsanleitung des Fahrzeugs ist meistens recht anschaulich erklärt, wie die Klammer der jeweiligen Birnenhalterung gelöst wird.
Frau Blum schaute mir neugierig zu. »Sie glauben, es liegt an den Birnen?«, fragte sie.
Ich nickte.
»Aber es kann doch nicht sein, dass beide gleichzeitig den Geist aufgeben! Auf diese Idee bin ich gar nicht gekommen. Deshalb war ich sicher, es muss an den Sicherungen liegen, und als die heil waren, glaubte ich, es handle sich um einen schlimmeren Fehler. Zwei Birnen auf einmal?« Frau Blum kramte im Handschuhfach. »Irgendwo hier habe ich Ersatzbirnen, das weiß ich genau.«
»Wahrscheinlich war die eine Birne schon länger defekt, und nun ist eben auch die zweite durchgebrannt«, vermutete ich.
»Aber das wäre mir aufgefallen!«
»Wenn Sie mal drauf achten, wie viele einäugige Autos unterwegs sind … das wird von den Fahrerinnen und Fahrern nicht gleich bemerkt, häufig erst, wenn alle Lichter ausgehen.«
»Das stimmt!«, rief Frau Blum und hielt triumphierend eine Ersatzbirne in die Höhe. Ich musste ihr nicht erklären, dass man Lampen besser nicht am Glaskörper berührt, um keinen Fettfilm zu hinterlassen. Er würde auf der glühenden Birne verbrennen und schwarze Spuren hinterlassen. Doch dann haderte meine Havaristin erneut mit sich. »Wenn ich das gewusst hätte … ich hätte doch diese eine Birne hier wechseln können und wäre dann einäugig zu meinem Vortrag gefahren, wie so viele andere. Es erschien mir ausgeschlossen, dass beide zugleich kaputtgehen.«
»Manchmal reißt die eine Birne beim Sterben die andere mit in den Tod.«
»Durch eine Spannungsspitze?«, fragte Frau Blum.
Ich zuckte mit den Schultern. »Wahrscheinlich. Tatsache ist, dass

beide kaputt sind. Ich baue Ihnen zwei neue ein. Die von Ihnen und eine aus meinem mobilen Ersatzteillager, okay?«

»Gerne!«

Ich reichte ihr die sterblichen Überreste der beiden H7-Birnen, und sie betrachtete interessiert die durchgebrannten Glühwendeln.

»Zu was für einem Vortrag wollten Sie denn?«, fragte ich, während ich die neuen Glühbirnen einbaute, wobei mir Frau Blum mit der Taschenlampe assistierte.

»Über Cyberwar. Darauf habe ich mich schon seit Monaten gefreut. Das ist mein Hobby.«

»Und was ist das genau?«, fragte ich, weil mir dazu nur der Krieg der Sterne einfiel.

»Ich war viele Jahre lang Soldatin. Wenn man sich mit Krieg beschäftigt, begreift man, dass der nächste nicht mehr mit herkömmlichen Waffen geführt werden wird. Die Kriege der Zukunft werden Computerkriege sein mit Anschlägen auf die Schaltzentralen des Gegners. Wasser, Strom, Verkehr, Versorgung.«

»Das ist aber ein ungewöhnliches Hobby!«, staunte ich.

»Ja, das sagen meine Kinder auch. Wussten Sie, dass in jeder Minute eine deutsche Schaltzentrale angegriffen wird?«

Ich schüttelte den Kopf und überlegte, ob mein Engelmobil auch eine Schaltzentrale war, trotz Automatikgetriebe.

»Die Gefahr geht nicht so sehr von Terroristen mit Bärten aus, vor denen man uns Angst machen will. Die wirklich große, dauernde Bedrohung sind die ständigen Angriffe der Geheimdienste anderer Länder.«

Klar, nur unserer macht so was nicht, dachte ich. »Und warum hört man so wenig davon?«

»Streng geheim«, flüsterte Frau Blum und schenkte mir zum Abschied die Entspannungs-CD.

Zwei Stunden später erreichte mich auf dem Parkplatz der psychosomatischen Klinik Bad Grönenbach – wo ich mich um einen Citroën kümmerte, der im Schlafmodus hängengeblieben war – ein Anruf aus unserem Callcenter in Magdeburg.
»Hallo Kollegin! Warst du heute bei einer Panne auf der B16?«
»Ja«, sagte ich und fürchtete, das Licht wäre wieder ausgefallen und Frau Blum stünde diesmal ohne Muße zur Meditation am Straßenrand.
»Die Dame hat gerade angerufen und sich für die nette Pannenhilfe bedankt. Das wollte ich nur weiterleiten.«
Sofort entspannte ich mich. So was freut den Engel und kommt nicht allzu oft vor.

Sehen und gesehen werden: Auf die Birne kommt es an

Die Beleuchtung am Fahrzeug erfüllt zwei Aufgaben: sehen und gesehen werden. Das Licht für den Rückwärtsgang weist uns sogar hinten den Weg: Man möchte schließlich sehen, wogegen man gleich fährt.
Bei der Beleuchtung vorne gibt es grundsätzlich zwei Systeme: elektrische Anlagen mit Halogenlampen, die von jedem mit Geduld und Fingerspitzengefühl selbst ausgetauscht werden können, und Xenonscheinwerfer. Sie fallen durch sehr helles, bläuliches Licht auf und sollten von einer Fachwerkstatt betreut werden. In Xenonanlagen fließen für Menschen gefährliche Ströme. Auch Engel meiden den Kontakt mit ihnen.

Bei herkömmlichen Autoscheinwerfern werden Lampen verbaut, die, das ist modellabhängig, entweder in einer Birne Abblendlicht und Fernlicht ausstrahlen – H4-Birnen – oder für Abblendlicht und Fernlicht zwei Birnen benötigen – H7-Birnen.

H4-Birnen verfügen über zwei Fäden, einen für das Abblendlicht und einen für das Fernlicht. Deshalb haben sie drei Anschlüsse: für jedes Licht einen und eine gemeinsame Masse, also das Minuskabel, das zur Karosserie führt.
H7-Birnen werden mittlerweile häufig verwendet. Sie haben einen Faden, der je nachdem für Abblendlicht oder Fernlicht verwendet werden kann. An der Birne sind zwei Anschlüsse, plus und minus. Wie das Licht dann auf die Straße fällt, bestimmt der im Scheinwerfer befindliche Reflektor.
Daneben gibt es noch H1-Birnen, die gerne für Nebelscheinwerfer eingesetzt werden. In welcher Birne was steckt, steht auf der Verpackung, zum Beispiel H7 12 V / 55 W.
12 V heißt: für elektrische Anlagen in Autos geeignet, die ja üblicherweise mit 12-Volt-Batterien ausgestattet sind. 55 Watt gibt die Leistung der Lampe an, wie hell sie leuchtet.
Die drei verschiedenen Scheinwerferbirnen H1, H4 und H7 unterscheiden sich auch in ihrer Bauform. Jede hat eine spezielle Fassung, die sich jeweils nur in einer Stellung gewaltfrei in den Scheinwerfer einsetzen lässt.

Abb. 33: H4- und H7-Birne

Ein dicker Hund

Der blaue Honda stand am Straßenrand, irgendwo zwischen Missen und Immenstadt. Es war bereits dunkel und nieselte vor sich hin. Ich parkte hinter dem Fahrzeug, da kam mir der Fahrer, ein älterer Herr, schon entgegen.
»Die Polizei hat mich aufgehalten«, teilte er mir mit. »Mein Rücklicht geht nicht.«
»Oje, das ist bei diesen Sichtverhältnissen nicht ganz ungefährlich!«
Der alte Herr schnaufte laut. Offenbar bekam er schlecht Luft. Nun, er war auch ziemlich korpulent.
»Vermutlich sind es nur die Birnen«, erklärte er. »Ich habe selbstverständlich Ersatzbirnen an Bord.«
Nebeneinander gingen wir zu seinem Auto.
»Die Hände und die Augen, die mögen halt nicht mehr so«, vertraute er mir an. »Diese kleinen fieseligen Arbeiten machen mir immer mehr Mühe. Das Alter.« Er lächelte. Ich auch und zitierte Horst Evers: »Ja, damals als mein Körper und ich noch im gleichen Alter waren.«
»Sie gefallen mir!«, lachte Herr Hirsch.
»Und mir gefällt der hier!« Ich wies auf den Mops, der auf der Rückbank des Honda saß.
»Das ist Quarck.«
»Hallo Quarck«, grüßte ich den dicken Hund, dessen Kurzatmigkeit ich sogar durch die Scheibe hörte.
»Ein Leben ohne Mops ist möglich, aber sinnlos«, zitierte Herr Hirsch Loriot.
Während ich im Kofferraum die Platinen der Rücklichter löste, holte Herr Hirsch die Schachtel mit dem Glühbirnensortiment aus dem Handschuhfach. »Kennen Sie die Livermore-Birne?«, wollte er wissen.
»Nein.«

»Diese Glühbirne brennt seit über 110 Jahren auf der Feuerwache in Livermore, Kalifornien. Sie lassen sie von einer Webcam beobachten. Schon seit Jahren. Zwei Webcams hat sie bereits überlebt. Sie wird uns alle noch schaffen.«
»Aha«, brummte ich aus dem Kofferraum.
»Wissen Sie, dass alle Glühbirnen so lange halten könnten? Ihre Lebensdauer wird künstlich verkürzt. Schon seit fast 100 Jahren ist das so. Erst haben die Ingenieure an der Haltbarkeit und Langlebigkeit der Glühbirne gearbeitet, dann wurden sie beauftragt, die Lebensdauer auf 1000 Stunden zu begrenzen.«
»Sie kennen sich gut mit Glühbirnen aus«, staunte ich.
»Ich war Ingenieur. Sind Ihnen Narva-Birnen ein Begriff?«
»Nie gehört«, gestand ich.
»Produziert in der DDR. Unsere Ressourcen damals waren begrenzt. Deshalb haben wir großen Wert darauf gelegt, dass unsere Geräte und Maschinen lange leben. Das hat auch geklappt. Und darauf waren wir stolz. Im Westen wollte niemand was von unseren Glühbirnen wissen. Es ist ein Trauerspiel. Wachstum, Wachstum, Wachstum. Ein Artikel, der nicht verschleißt, ist eine Tragödie fürs Geschäft.«
Nachdenklich nahm ich zwei kleine Birnen aus dem Schaumstoff der Plastikschachtel. Ich dachte an verbotene Glühbirnen, an Sparlampen, Quecksilber und Haltbarkeit. Herr Hirsch referierte weiter:
»Man nennt das geplante Obsoleszenz. Die Dinge werden so gebaut, dass sie nach einer gewissen Zeit kaputtgehen. Immer kürzer wird die gewisse Zeit. Die Wirtschaft muss wachsen. In nahezu alle Geräte werden Schwachstellen eingebaut, für die keine Reparatur vorgesehen ist. Damit neue gekauft werden.«
Ich fädelte die kleine Birne mit den zwei Nasen in den Bajonettverschluss der Platine ein, drehte und drückte ein wenig, bis die Birne festen Sitz hatte.

»Lieber neu kaufen als reparieren. Wer repariert denn heute schon noch was?«, fragte Herr Hirsch und gab sich die Antwort gleich selbst: »Man kann ja kaum mehr was reparieren. Die Geräte sind so gebaut, dass man sie beim Versuch zerstört.«
»Reparieren ist teurer als neu kaufen«, sagte ich.
»Das ist alles Absicht.«
Ich dachte an Benzin- und Wasserpumpen, Anlasser, Lichtmaschinen, Spannrollen und Turbolader. Und daran, wie oft wir Mechaniker kopfschüttelnd dastehen und uns fragen, warum ein Teil kaputtgegangen ist, das in der Vorgängergeneration des Modells nie Probleme machte.
Herr Hirsch fuhr fort: »Bei vielen elektronischen Geräten kann man die Akkus nicht mehr auswechseln. Wenn der Akku defekt ist, soll man sich ein neues Gerät anschaffen.«
»Ja, so war das beim iPod. Ich glaube, dagegen wurde sogar von Verbraucherschützern prozessiert und gewonnen.«
Herr Hirsch nickte. »Bei Computern ist es besonders dreist, da werden Zähler in Drucker eingebaut. Sobald eine bestimmte Anzahl Druckvorgänge erreicht ist, gibt der Drucker den Löffel ab, ohne dass wirklich etwas kaputt wäre.«
»Und dann?«, fragte ich.
»Wird er als Schrott in die Dritte Welt geschickt.«
»Wo die Webcams bereits warten, die im Licht der Glühbirne versagten.«
Ich gab ihm die Schachtel mit den Ersatzbirnen in die Hand.
Skeptisch schaute er sie an. »Die werd ich wohl auch noch überleben.«
»Wie alt sind Sie denn?«
»Ach, wenn ich mir was wünschen dürfte: Noch mal achtzig sein!«

Scheinwerferbirnenwechsel

Grundsätzlich werden Birnen von hinten aus dem Scheinwerfer genommen. Unter einem Plastikdeckel oder einer runden Gummikappe erkennt man einen elektrischen Stecker, den man nach hinten abzieht; ein bisschen Wackeln kann hier helfen. Die Birne ist mit einer Klammer, meist aus Draht, eingehängt. Diese kann mit einem Finger geöffnet werden – nicht weil sie so leicht aufgeht, sondern weil nur Platz für einen Finger ist. Am günstigsten wären hier Kinderhände mit der Kraft eines Erwachsenen. Leider fehlt diese anatomische Besonderheit bei den meisten Automechanikern. Das erschwert den Birnenwechsel und kann in fortgeschrittenem Stadium des fortgesetzten Versagens zu schlechter Laune bis hin zu Wutausbrüchen führen. Das Objekt der Begierde so dicht vor Augen und ums Verrecken nicht drankommen.

Inzwischen sind die Motorräume vieler Fahrzeuge geradezu vollgestopft mit Schläuchen, Plastikkästen und Abdeckungen, so dass immer öfter erst mal einiges aus dem Weg geräumt werden muss, bis man die kleine Scheinwerferbirne erreicht. Nicht selten lässt sich die kaputte Birne früher oder später zwar herausnehmen, aber die neue bringt man partout nicht rein, weil man dazu nämlich zwei Finger bräuchte. In einem solchen Fall muss die Batterie dann doch noch ausgebaut werden, und um das Eben-mal-schnell-Birne-Wechseln nicht zum völligen Desaster werden zu lassen, ist es ratsam, den Code für das Radio zu kennen … damit man hinterher nicht nur sieht, sondern auch hört.
Manche Hersteller sind dazu übergegangen, die Scheinwerfer ausbauen zu lassen, um an die Birnen zu kommen. So etwas muss man wissen. Vorher. Nicht wenn schon der halbe Vorbau zerlegt ist. Insofern ist gerade im Birnenumfeld die Befragung der Bedienungsanleitung unerlässlich und stimmungshebend. Die erklären-

den Abbildungen sind meistens recht anschaulich. Ich rate dazu, an einem schönen entspannten Wochenende, an dem schon viel reibungslos funktioniert hat, also ein Polster für Misserfolge vorhanden ist, sich einmal die Bedienungsanleitung vorzunehmen, den Birnenwechsel durchzulesen und dann die Motorhaube zu öffnen, um das zu üben. Klappt gut? Wunderbar! Klappt nicht? Auch wunderbar. Jetzt weiß man, dass man damit nichts zu tun haben möchte und dies getrost bemitleidenswerten Fachleuten überlassen kann. Sollen die sich doch damit rumärgern. Wie gesagt: Es liegt nicht an Ihren Fähigkeiten, sondern an wenig praxisorientierten Konstrukteuren einerseits und der Anatomie Ihrer Hände andererseits.

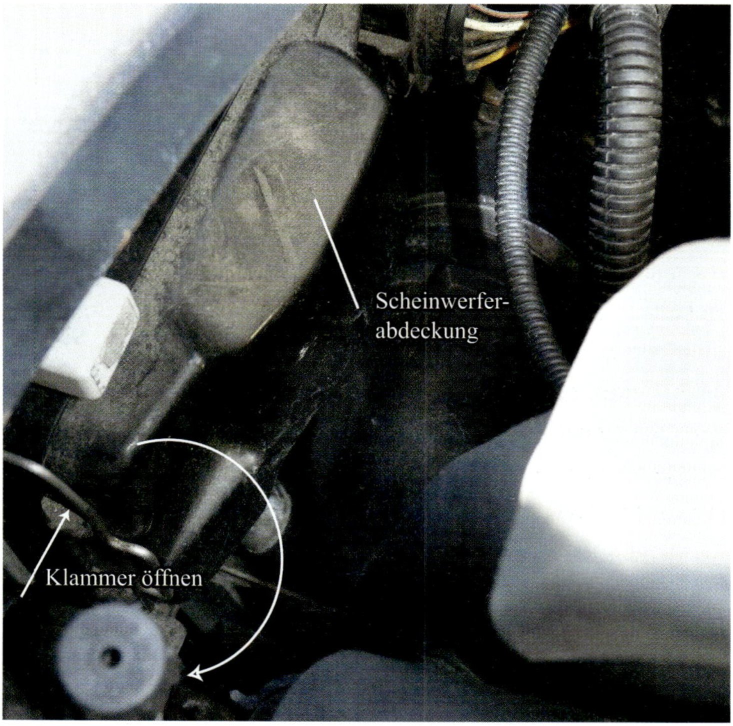

Abb. 34: Scheinwerferabdeckung

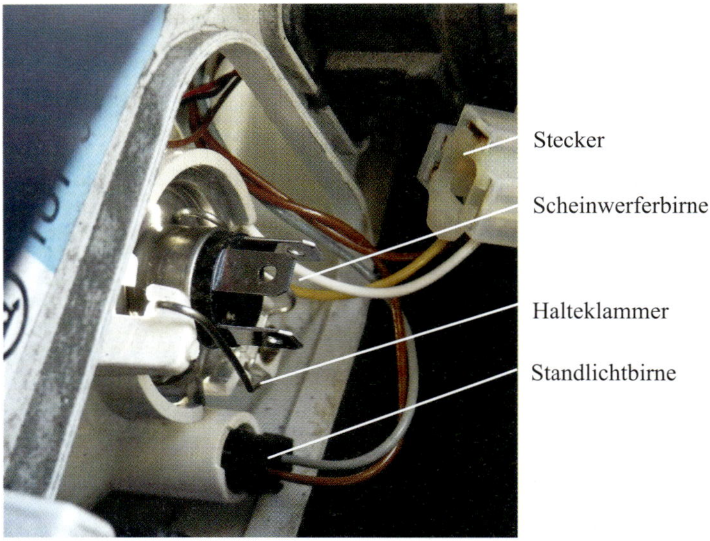

Abb. 35: Birnenbefestigung

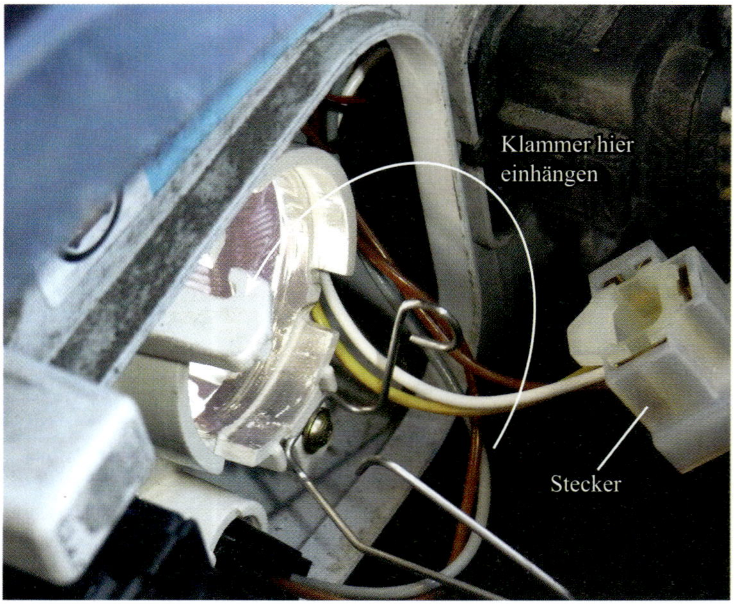

Abb. 36: Halteklammer

Rücklichter und Blinker

Die Birnen von Rücklicht und Blinker sehen anders aus als die vom Scheinwerfer. Sie müssen ja auch nicht so hell und weit leuchten. Als Signallampen bringen sie deutlich weniger Leistung.
Sie können beispielsweise heißen: 12 V / 21 W und 12 V / 21 / 5 W. Die erste wäre eine Blinker-, Brems- oder Rücklichtbirne. Die zweite mit zwei Wattangaben, also zwei Fäden, wird für Rücklichter verwendet, die beim Bremsen heller werden. Also ein Rücklicht, in das das Bremslicht integriert ist, eine sogenannte Zweifadenlampe.
Um an die hinteren Birnen zu gelangen, muss man bei vielen Modellen vom Kofferraum aus eine Platine mit allen Birnen herausnehmen und dann die jeweiligen Birnen durch Drücken und Drehen lösen, und zwar gegen den Uhrzeigersinn und nur ein paar Millimeter. Kleine Nasen am Sockel der Birnen zeigen die Einbaurichtung an. Gerade Zweifadenlampen müssen in der richtigen Position gewaltfrei eingebaut werden, damit die beiden Funktionen nicht vertauscht werden.

Achtung: Merken Sie sich bei jedem Ausbau die Position, in der etwas eingebaut war. Diese Zeit sollten Sie sich unbedingt nehmen, da Sie sonst womöglich mit unverhältnismäßig viel Zeitaufwand herumprobieren müssen, wie es vorher gewesen sein könnte. Und ob es dann funktioniert?

Es gibt auch Systeme, bei denen muss das komplette Rücklicht ausgebaut werden, um an die Birnen zu gelangen. Eine solche Rücklichteinheit ist mit zwei oder drei Schrauben von innen oder außen an der Karosserie befestigt. Hier lohnt sich ein Blick ins Bordbuch. Selbstverständlich gibt es auch hier inzwischen Systeme, wie beispielsweise bei BMW, die LED-Einheiten als Rücklicht verbauen, in die Blinker, Rückfahr-, Brems- und Nebellicht integriert sind. Hier heißt es dann: Rücklicht komplett herausschrauben, abstecken, Teil komplett erneuern.

Auch ein Streichholz macht Licht

Als ich zu dem VW Phaeton kam, wurde ich von seinem Besitzer schon sehnlich erwartet. Der Wagen stand in der Tiefgarage eines noblen Hotels in Füssen und wollte nicht mehr raus. Das konnte ich verstehen, denn es wehte ein fieser Wind bei 10 Grad minus. Des Havaristen Pech war mein Glück, und ich genoss es, in dieser wohltemperierten Garage arbeiten zu dürfen.

»Er springt zwar an, aber es lässt sich kein Gang einlegen«, teilte mir Herr Tönis mit, dessen grauer Anzug im selben Ton gehalten war wie seine grauen Schläfen.

Ich enterte das Dickschiff, drehte den Zündschlüssel und versuchte, den Wählhebel des Automatikgetriebes zu entriegeln. Er bewegte sich nicht.

»Sie müssen auf die Bremse steigen«, empfahl Herr Tönis mir, die ich bereits auf der Bremse stand.

Ich überlegte einen Moment, dann warf ich einen Blick in den Rückspiegel. Kein Rotlicht an der Garagenwand. Dies war ein seriöses Hotel.

»Das Bremslicht leuchtet nicht«, sagte ich.

Herr Tönis schüttelte verärgert den Kopf. »Kaum ist eine Sache kaputt, gibt die nächste den Geist auf. Als ich in diese Garage gefahren bin, funktionierte das Auto tadellos, genauso wie das Bremslicht. Ich erinnere mich deutlich an den roten Schein. Da kann man wohl vom Gesetz der Serie sprechen.«

Ich verließ den Phaeton und kniete mich wie zur Anbetung neben

die geöffnete Fahrertür. Mit der Taschenlampe leuchtete ich in den Fußraum, dorthin, wo das breite Bremspedal unter einer Plastikabdeckung verschwand. Hier sitzt der Bremslichtschalter. Ich überlegte, ob es einfacher wäre, diese Abdeckung abzubauen und erst nach dem Schalter zu schauen oder in meinem Laptop nach dem Aufenthaltsort der Sicherung für das Bremslicht zu fahnden. Da es bei diesem Wagen vermutlich auch noch nötig sein würde, den Fehlerspeicher zu löschen, entschied ich mich dafür, erst mal mein Büro aufzuklappen.
Das Licht in der Garage erlosch mit einem Klack. Herr Tönis eilte zum Ausgang, um es wieder einzuschalten. Heimlich seufzte ich in mich hinein. Dieses flügellose Flugzeug hatte sieben Sicherungskästen. Ob ich die Tiefgarage jemals wieder verlassen würde? Womöglich würde draußen der Frühling ausbrechen und ich noch Jahre in der Dämmerung Sicherungen prüfen. Na, wenigstens war es hier warm.
Herr Tönis zückte sein Handy, um an der Hotelrezeption zu bitten, das Licht in der Tiefgarage auf Dauerbetrieb zu schalten. Es hätte mich nicht gewundert, wenn das Handy eines Phaeton-Fahrers Empfang gehabt hätte. Herr Tönis steckte sein Handy weg. Noch ein Fehler. Kein Empfang, Gesetz der Serie.
Ich scrollte die Belegungspläne durch und schrieb mir die in Frage kommenden Sicherungen auf. Herr Tönis steckte ein Streichholz in den Lichtschalter. Nachdem ich die Sicherungen unter Mühen überprüft hatte, da manche schwer zugänglich waren, entfernte ich die Abdeckung über dem Bremspedal und widmete mich dem Bremslichtschalter. Der Querulant war gestellt! Meine Bemühungen, ihn wieder zur Zusammenarbeit zu bewegen, blieben zwar erfolglos, aber immerhin hatte ich den Fehler gefunden, und in einer Werkstatt wäre der Bremslichtschalter schnell gewechselt. Damit konnte ich in meinem mobilen Ersatzteillager nicht dienen. Damit Herr Tönis zur Werkstatt fahren konnte, entriegelte ich die

Wählhebelsperre manuell mit einem Trick, der übrigens auch in der mehrbändigen Bedienungsanleitung des Wagens mit 6 Liter Hubraum und fast 400 PS zu finden gewesen wäre. Jetzt konnte ich den Wagen auf N starten und die Fahrstufen einlegen. Nur ungern verließ ich das edle Interieur und rollte in meinem Engelmobil naked version in das Schneetreiben der unwirtlichen Winternacht.

Problembirnen

Wenn eine Lampe ausfällt, meldet vielleicht ein freundlicher Lampenwächter im Armaturenbrett, welche Birne betroffen ist. Moderne Fahrzeuge melden den Fehler sogar an eine höhere Stelle, speichern ihn in der zuständigen Abteilung im entsprechenden Steuergerät und schalten dann erst mal den Stromkreis der Problembirne ab.
Viele Autos verfügen über kein solches Personal, und ihre Halter werden von anderen Verkehrsteilnehmern auf Problembirnen aufmerksam gemacht, wenn sie sie nicht zufällig selbst entdecken.

Die Beleuchtung des Autos ist getrennt nach links und rechts abgesichert. Zwei Sicherungen für Abblendlicht, zwei Sicherungen für Fernlicht, zwei für Standlicht und Rücklicht, das sogenannte Parklicht.
Bei Blinkern erhöht sich die Blinkfrequenz, sobald auf einer Seite eine Birne ausfällt. Die Partnerbirne auf derselben Seite blinkt hektisch. Hilfe, mein Kumpel ist weg. Kann mal jemand nach ihm schauen? Ja, man kann. Blinker und Warnblinker arbeiten über eine gemeinsame Sicherung. Alles oder nichts! Fällt hier alles aus, ist ein Blick in den Sicherungskasten unausweichlich.

Ein wichtiger Sicherungskasten befindet sich meistens im Innenraum. Entweder im Handschuhfach, im Fußraum links über dem Kupplungspedal oder unter der seitlichen Abdeckung des Armaturenbretts. Um sich ihm zu nähern, muss man sich neben das Auto knien. Ich rate dazu, den Teppich oder die Gummimatte aus dem Fußraum unterzulegen, vorausgesetzt, sie sind sauberer als der Asphalt. Aber so bleiben wenigstens die Knie trocken.

Sicherungen kontrollieren

Im Deckel des Sicherungskastens befindet sich im Idealfall eine Sicherungszange aus Plastik. Sie sorgt dafür, dass man sich die Nägel nicht ruiniert beim Ziehen einer Sicherung aus ihrem Steckplatz. Auch eine kleine Spitzzange schützt die Fingernägel vor Bruch.

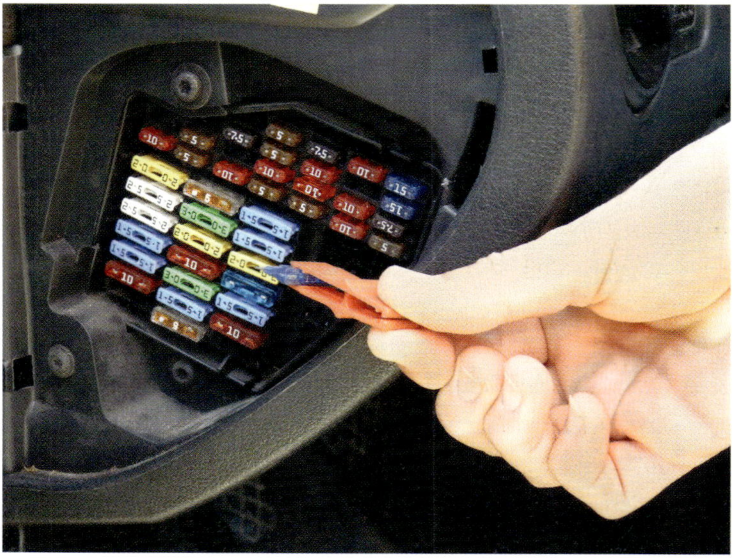

Abb. 37: Sicherungskasten mit Zieher

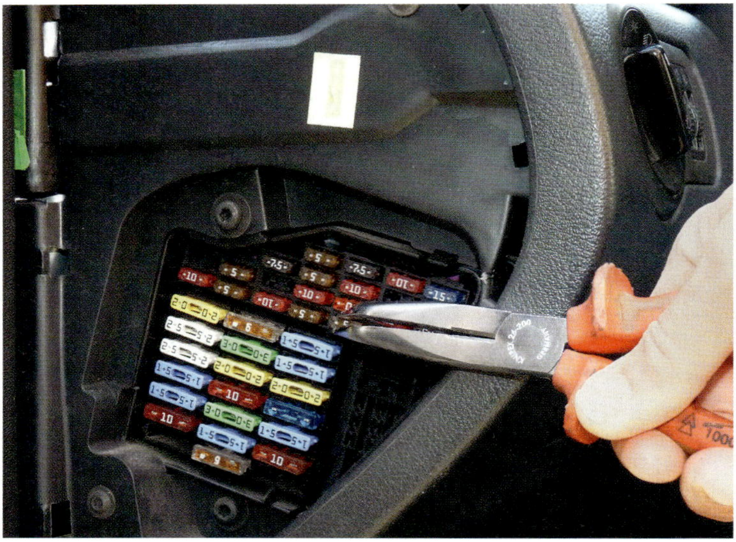

Abb. 38: Sicherung mit Spitzzange

Jede Sicherung hat ihren festen Platz, an den sie auch wieder zurückgesteckt werden sollte. Die Steckplätze sind meist numeriert. Auf dem Deckel des Sicherungskastens oder in der Bedienungsanleitung ist der Belegungsplan abgebildet.
Die großen Zahlen auf den bunten Sicherungen geben keine Auskunft über die Steckplätze, sondern die Stärke einer Sicherung! Blau für 15 Ampere, rot für 10 A, braun für 7,5 A und so weiter. Es können also blaue gegen blaue getauscht werden und rote gegen rote. Wenn nichts anderes zur Hand ist, kann man notfalls eine schwächere Sicherung einbauen, also zum Beispiel statt 15 A 10 A. Niemals eine Sicherung durch eine stärkere ersetzen!
Manche Steckplätze sind gar nicht belegt und sollen nicht eigenmächtig vollgesteckt werden, weil es dann vielleicht ein schöneres Farbmuster gibt. Die freien Plätze haben mit der Modellausstattung zu tun. Hier kann später nachgerüstet werden – oder der gleiche Sicherungskasten wird in verschiedenen Modellen eines

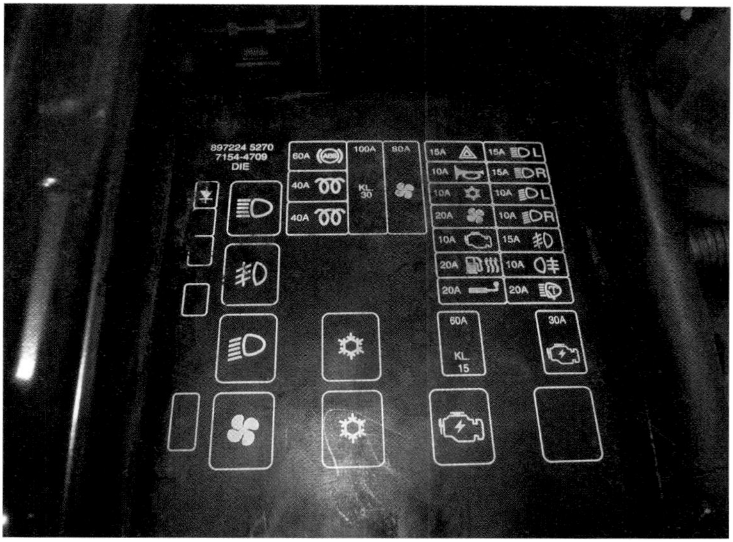

Abb. 39: Belegungsplan auf dem Deckel

Fahrzeuges verbaut, mit unterschiedlichen Belegungen für diverse Zusatzausstattungen.

Um zu kontrollieren, ob eine Sicherung in Ordnung ist, muss sie herausgezogen werden. Durch das bunte Plastik kann man im oberen Teil der Sicherung einen gebogenen Draht erkennen. Ist der an einer Stelle unterbrochen, dann ist sie kaputt.

Eine heile Sicherung bedeutet, dass sie nicht für den Fehler verantwortlich ist. Aber vielleicht der entsprechende Lichtschalter, die Birnen oder irgendeine Kabelunterbrechung, Korrosion oder Oxidation an der Sicherung oder einer Verbindung.

Ist die Sicherung unterbrochen, tauscht man sie gegen eine gleichfarbige aus. Geht die ausgetauschte wieder kaputt, ist irgendwo ein Kurzschluss, und man sollte genauso kurz entschlossen eine Werkstatt aufsuchen.

Erfahrungsgemäß liegt ein Lichtproblem meistens an den Glühbirnen. Also Birne ausbauen wie beschrieben und kontrollieren, ob der Faden durchgebrannt ist. Auch wenn der Birne nichts anzusehen ist, lohnt sich ein Versuch mit einer neuen, jetzt, wo sie sowieso schon draußen ist. Manchmal liegt die Unterbrechung des Stromflusses nicht am Faden, sondern am Sockel der Birne, und dort kann man mit den Augen keinen Fehler erkennen.

Abb. 40: Kaputte und heile Sicherung

Achtung: Da immer mehr Autos mit besonders klugen Steuergeräten ausgestattet sind und CAN-Bus (siehe Kapitel »Die Plappertaschen«) verwenden, muss vor dem erneuten Einschalten des Lichts die Zündung erst mal ausgeschaltet werden und dann wieder an, damit das Steuergerät den vorübergehend stillgelegten Stromkreis wieder freischaltet.

Farbenblind

Auf dem Parkplatz einer Wohnblocksiedlung aus den 1960er Jahren stand der sehr gepflegte ältere BMW – eingekreist von mehreren jungen Männern. Erwartungsvoll schauten mir viele schöne braune Augen entgegen. Einer der Männer sah recht bedrückt aus. Das musste der Besitzer sein. Er war es.

»Springt nicht.«

Ein Kumpel sprang ihm bei. »Wir haben bei meinem Freund Mucke eingebaut. Dann kann sein, ej, Batterie leer, oder? Jetzt springt nicht.«

»Auch nicht mit Kabel!«, ergänzte ein anderer.

Der Besitzer wiederholte: »Springt nicht.«

Ich fasste zusammen: »Springt nicht«, und holte meinen Starthilfekoffer, der auf großes Interesse stieß. »Hey voll krass, was'n das, ej?«

Ich schloss ihn an. Der Besitzer sagte leise: »Bülent hat schon probiert. Starthilfe mit Mercedes. Hilft nix.«

»Anderes Problem, weißt du«, erklärte sein Kumpel.

»Starten Sie mal bitte?«, forderte ich den Wagenbesitzer auf.

Der Anlasser drehte, der Motor sprang kurz fast an, ging aber gleich wieder aus. Danach drehte der Anlasser leer durch.

»Wie viel Sprit ist im Tank?«, fragte ich.

»Gestern. Voll.«

»Und wie weit sind Sie gefahren seit gestern?«

»Weißt du. Österreich.«

»Füssen – Reutte?«, fragte ich. Da fährt der Allgäuer, egal welcher Nationalität, gerne zum Tanken.

Er grinste. »Sonst nix gefahren.«

Daran lag es also nicht. Trotzdem bekam der BMW kein Benzin.

Ich holte mein elektrisches Messgerät aus dem Engelmobil und öffnete den Sicherungskasten des BMW. Dort suchte ich im Bele-

gungsplan nach der Sicherung für die Kraftstoffpumpe. Als ich sie prüfen wollte, stellte ich erstaunt fest, dass sie nicht zu Hause war. Ihr Steckplatz war frei. Ich schaute in die Runde. »War jemand am Sicherungskasten?«
Die Clique unterhielt sich in mehreren Sprachen. Daraufhin erfuhr ich: »Problem mit Stereoanlage. War Sicherung kaputt. Haben wir neu gemacht.«
»Welche?« Ich deutete auf den Sicherungskasten.
Erneut unterhielt sich die Clique. Lauter nun. Schuldzuweisungen flogen hin und her. Schließlich rückte einer vor und wies auf eine Sicherung.
»Die war kaputt?«, vergewisserte ich mich.
Er nickte.
»Und was habt ihr dann für eine neue da reingetan?«
Er deutete auf dieselbe Sicherung.
Ich merkte, dass er kein Interesse an der Schadensbehebung, sondern eher an dessen Verschleierung hatte. Dennoch fragte ich weiter: »Woher hatten Sie die Sicherung?«
Einen Moment lang geschah gar nichts, dann deutete er widerwillig auf den leeren Steckplatz.
Genau das hatte ich mir gedacht. Ich hatte nicht wenig Lust, ihm die Ohren langzuziehen. Stattdessen ließ ich mir die kaputte Sicherung zeigen, um zu wissen, welche Farbe ich brauchte. Dann holte ich eine entsprechende aus meinem Engelmobil. Diese rote steckte ich für die Stereoanlage und die entführte blaue dorthin zurück, wo sie daheim war. Das wurde von der Clique lautstark kommentiert.
»Ej Scheiße Mann, hast du falsch gemacht.«
»Ich hab nichts gemacht, ej!«
»Pass auf, ich weiß Bescheid.«
»Hab ich doch gesagt, kannst du nicht einfach nehmen.«
»Ej, das hat immer geklappt, ej.«

»Vielleicht ist Ihr Kumpel farbenblind?«, versuchte ich das Streitgespräch zu unterbrechen.
»Hast du Problem mit Farbe von mein Auto?«, wollte der Besitzer wissen.
»Pass auf! Ich weiß, wo dein Haus wohnt!«
Sein Kumpel bremste ihn: »Voll krass, ej! Lässt dein Auto von ’ner Frau reparieren.«
»Voll krass, ej. Steckst blau auf rot«, versuchte ich mich zu assimilieren.

Das Mäusekino: Die Kontrollleuchten

Im Armaturenbrett befinden sich vielerlei Kontrollleuchten, mit denen sich die Organe Ihres Gefährten bemerkbar machen können. Sobald der Zündschlüssel in die Stellung *Zündung ein* gedreht wird, leuchtet alles auf, was Rang und Namen hat. So können Sie sich einen Überblick verschaffen, wer hier alles für Sie aufpasst, mitdenkt und gegebenenfalls bereit wäre, Ihnen Bescheid zu sagen, wenn irgendetwas nicht stimmt.

Im Folgenden erkläre ich die gängigsten Kontrollleuchten. Mit welchen davon Ihr Fahrzeug ausgerüstet ist, verrät Ihnen Ihre Bedienungsanleitung.

Rot, gelb, grün – eine Achtsamskeitsübung
Die Kontrollleuchten unterscheiden sich erst mal in der Farbe, die ihre Wichtigkeit ausdrückt:
Grün: Alles okay, ich mache, was von mir erwartet wird.
Gelb: Hoppla, da ist was nicht in Ordnung. Kümmere dich darum!
Rot: Halt sofort an! Warum hast du dich nicht um mich gekümmert? Ich hab dich doch vor tausend Kilometern darum gebeten! Ich reiß

mir hier den Achsschenkel für dich auf und du? Schaffst es nicht mal, mir einen halben Liter zu gönnen. Was glaubst du, wie weh das tut, wenn die Lager trocken laufen! Jetzt reicht's! Ich kann nicht mehr!

Da wir inzwischen alle ziemlich reizüberflutet sind, lassen wir uns von so einer roten Lampe nicht unbedingt beeindrucken, zumal sie häufig von einer Zigarettenschachtel oder einem Lippenpflegestift verdeckt wird. Viele Autos versuchen sich vor den Folgen der Ignoranz ihrer Besitzer dadurch zu schützen, dass ihre Kontrollleuchten für die lebenswichtigen Organe im Ernstfall nicht nur leuchten, sondern auch blinken. Unnötig zu erwähnen, dass es nicht wenige Mitmenschen gibt, die trotz rot blinkender Öllampe weiterfahren, weil das Fußballspiel gleich anfängt oder das Kind aus der Frühförderung für Hochbegabte abgeholt werden möchte. Auch ein Cowboy reitet gelegentlich sein treues Pferd zuschanden: wenn er auf der Flucht ist. Wir sind alle irgendwie auf der Flucht, das ist bekannt. Aber muss deshalb das Auto leiden? Deshalb möchte ich hier im Namen meiner vier- und zweirädrigen Freunde um mehr Rücksichtnahme und Achtsamkeit bitten!

Die gelben Helfer

Ölstandsanzeige

Sie leuchtet auf, wenn der Ölstand auf Minimum ist. Es sollte an der nächsten Tankstelle Öl nachgefüllt werden.

Reserveanzeige der Tankuhr

Die nächste Tankstelle sollte dringend aufgesucht werden. Obwohl die Reserve noch einen Kraftstoffvorrat für 50 bis 100 Kilometer verspricht, sieht die Wirklichkeit anders aus. Der Verbrauch hängt von vielen Faktoren ab: Außentemperatur, Geschwindigkeit, Beladung und welche Verbraucher eingeschaltet sind. Er kann höher sein als gewohnt. Zudem wirken sich lange Gefälle oder Steigungen verheerend auf die Verfügbarkeit der letzten Liter aus. Meine gelben Brüder und Schwestern fahren Liegengebliebenen jedes Jahr 25 000-mal Kraftstoff hinterher.

Wischwasserfüllstandsanzeige

Sie zeigt freundlicherweise an, wenn demnächst das Waschwasser ausgeht für die Reinigung der Windschutzscheibe, der Heckscheibe und eventuell der Scheinwerfer (siehe auch Kapitel »Soßen & Suppen: Flüssigkeiten«).

Bremsbelagverschleißanzeige
Hier wird rechtzeitig bekanntgegeben, dass die Bremsbeläge ausgetauscht werden sollten. Bei normalem Verschleiß kann man entspannt weiterfahren und für die nächsten Tage einen Werkstattbesuch vereinbaren. Da meistens nur die vorderen Bremsbeläge über eine solche Kontrollanzeige verfügen, sollte man bei der Gelegenheit auch die hinteren kontrollieren lassen.

Lampenwächter
Ein aufmerksamer Mitarbeiter meldet den Ausfall einer Außenbeleuchtung. Das ersetzt die Lichthupe wohlmeinender Verkehrsteilnehmer.

ABS-Leuchte
Sobald im elektronischen System des Antiblockiersystems eine Unregelmäßigkeit festgestellt wird, schaltet aus Sicherheitsgründen das ABS ab. Es kann nun ohne Blockierverhinderung normal weiter gebremst werden. Ein Werkstatttermin sollte vereinbart werden (siehe auch Kapitel »ABS«).

Airbag

Hier ist es genauso – irgendetwas stimmt nicht, sofort wird die Airbagfunktion abgestellt, damit einem keine dicken Luftsäcke unkontrolliert um die Ohren fliegen. Weiterfahrt ohne Luftkissen vorübergehend möglich. Erstaunlich: Obwohl Fiat seine Modelle mit einer gelben Airbagleuchte ausstattet, soll auf keinen Fall weitergefahren werden, wohingegen BMW manche Modelle mit einer roten Airbagleuchte ausstattet, man aber trotzdem ohne Airbag weiterfahren kann, wie alle anderen und früher auch (siehe auch Kapitel »Airbags«).

Vorglühkontrolle

Jeder Dieselfahrer kennt sie – die Dieselgedenkminute. Erst vorglühen, dann starten, denn der gemütliche Diesel braucht sein Warm-up. Wenn die Kontrollleuchte vor dem Starten aufleuchtet und dann wieder erlischt, ist alles okay.

Sollte sie blinken, möchte Ihnen das Motormanagement etwas mitteilen. Rufen Sie eine bewährte Telefonnummer an, damit wir Ihnen die Nachricht übersetzen können, oder suchen Sie Ihre Werkstatt auf.

Motorstörung

Viele Dieselfahrzeuge und inzwischen alle Benziner haben ein eckiges Motorsymbol, das entweder aufleuchtet, wenn vom Motorsteuergerät ein Fehler erkannt wurde, oder zu blinken beginnt, wenn es sich wünscht, Sie mögen bitte sofort anhalten. Seit dem Jahr 2000 ist es vorgeschrieben, dass jedes Fahrzeug über eine Motorwarnlampe verfügt, die alle abgasrelevanten Fehler meldet. Natürlich können hier auch viele andere Fehler angezeigt werden. Erst nach Entschlüsselung der Botschaft lässt sich entscheiden, ob Sie weiterfahren können oder besser nicht.

Wegfahrsperre

Seit circa 1990 sind alle Autos auf Wunsch der Versicherer mit einer elektronischen Wegfahrsperre ausgestattet. Sie soll verhindern, dass böse Buben mit ein paar Drähten am Zündschloss das Auto kurzschließen, wie man es gelegentlich in Filmen sieht.

Bei der Wegfahrsperre werden über ein eigenes Steuergerät die wesentlichen Funktionen zum Starten eines Autos – Anlasser, Zündung, Kraftstoffzufuhr – erst freigeschaltet, wenn der richtige Schlüssel im Zündschloss steckt. Viele wissen gar nicht, dass ihr Auto so etwas hat. Sobald die Wegfahrsperre nicht mehr funktioniert, leuchtet gegebenenfalls das Schlüsselsymbol auf. Beim Starten passiert gar nichts, oder das Fahrzeug springt kurz an und

geht nach zwei Sekunden wieder aus. Ihr Fahrzeug erkennt Sie nicht mehr. Das kommt in den besten Familien vor.
Versuchen Sie es mit erneutem Verschließen und Öffnen der Zentralverriegelung. Wenn das Auto jetzt immer noch fremdelt, kann es sein, dass der im Schlüssel befindliche Mikrochip beschädigt oder verlorengegangen ist. Anderen Schlüssel probieren, und wenn das nicht hilft oder der zu Hause liegt, telefonieren: mit daheim oder dem ADAC.
Während der Wartezeit schon mal in der Bedienungsanleitung nach der Sicherung für die Wegfahrsperre schauen und gegebenenfalls unter *Notstart* nachlesen.

Öldruckkontrolle
Sie misst den Öldruck im Motor, der von einer Ölpumpe hergestellt wird. Die pumpt das Motoröl durch viele Kanäle, sogenannte Ölbohrungen zu den beweglichen Teilen – Ventile, Kolben, Lager –, um sie zu schmieren. Leuchtet die Öldruckkontrolle auf, ist Schluss mit lustig. Jede Sekunde, die der Motor weiterläuft, kann ihn das Leben kosten. Kolbenfresser ahoi.

Kühlwasserstandskontrolle
Sie leuchtet auf, sobald der Pegel im Kühlwasser-Ausgleichsbehälter unter Minimum sinkt. Halten Sie sofort an und erforschen Sie die Ursache des Wasserverlustes. Nur Nachfüllen hilft nicht unbedingt. Ist die Kühlung des Motors nicht gewährleistet, steht der Motorschaden schon vor der Tür, sprich Haube.

Batterieladekontrolle
Sie erlischt nach dem Starten, spätestens sobald etwas Gas gegeben wird. Sollte sie während der Fahrt aufleuchten, sagt Ihnen der Lichtmaschinenregler, dass mit der Ladung der Batterie etwas nicht stimmt. Ob die Lichtmaschine kaputt oder der Keilriemen abhandengekommen ist, sollte sofort untersucht werden. Da der Keilriemen zuweilen auch die Wasserpumpe antreibt, kann es bei der Weiterfahrt zu erheblichen Folgeschäden kommen.

Bremskontrolle
Diese Lampe leuchtet auf, wenn zum Beispiel die Handbremse nicht gelöst wurde. Angeschlossen an diese Kontrolle ist aber auch der Sensor, der den Stand im Bremsflüssigkeitsbehälter misst. Sollte der Pegel absinken, ist das System vermutlich undicht, und es kann zum plötzlichen Ausfall der Bremswirkung kommen.

Wenn Autos Briefe schreiben

Inzwischen teilen einem einige Fahrzeuge auch schriftlich mit, wie es um ihr Befinden steht. Womöglich erwuchs diese Fähigkeit aus einer Selbsthilfeinitiative gequälter Fahrzeuge wegen fortgesetzter Misshandlung. In einem Display erscheinen Hinweise und Anweisungen.
Sofort anhalten!
Motor abstellen!
Bremse defekt!
Die stimmunterstützte Version Chantal, die diese Mitteilungen zusätzlich vorliest, um auch all jene zu erreichen, die prinzipiell keine Post öffnen, erfreut sich keiner großen Beliebtheit, zumal sie Gabi aus dem Navi dauernd ins Wort fällt.

Immer mehr Autos sind mit einer elektronischen Reifendruckkontrolle ausgestattet. Es gibt zwei verschiedene Systeme. Beim direkt messenden System wird über einen Drucksensor in der Felge alle drei Sekunden der tatsächliche Reifendruck ermittelt. Die Daten werden über eine Antenne an das Steuergerät geschickt und ausgewertet. Im Display des Armaturenbretts werden die Informationen über den Reifenluftdruck sichtbar.
Beim indirekt messenden System werden die bereits vorhandenen Raddrehzahlsensoren, die für ABS und ESP Daten liefern, auch für die Reifendruckkontrolle verwendet. Ein platter Reifen dreht sich aufgrund seines kleineren Abrollradius etwas schneller als seine Kollegen und wird dadurch sofort auffällig.

Survivalkit Birnen und Lichter

Mit folgenden Accessoires stellen Sie Ihr Licht nicht unter den Scheffel:

- Ersatzsicherungen
- Spitzzange, wenn keine Sicherungszange im Sicherungskasten
- Ersatzglühbirnen
- Ersatzscheinwerferbirne
- Taschenlampe
- Kleiner Schraubenzieher zum Öffnen des Sicherungskastens
- Baldrian

HACKEN & KNACKEN

Betreutes Fahren

In einem Wagen der Oberklasse befinden sich bis zu 80 Rechner und ebenso viele Stellmotoren. Die meisten von ihnen sind sehr menschenfreundlich, da sie verschiedenste Gefahren abwenden. Ständig werden die Systeme erweitert. Immer mehr Assistenten werden serienmäßig eingesetzt. Wer sich wie viele Mitarbeiter leisten kann, bleibt allerdings eine Frage des Geldbeutels oder Kreditrahmens.
Die Entwicklung deutet klar in Richtung ICE. Autofahren verwandelt sich immer mehr in Bahnfahren. Der Entscheidungsspielraum der Fahrerinnen und Fahrer schrumpft. Es gibt Versuchsreihen, in denen Autos ohne Fahrer unterwegs sind. Die Ergebnisse zeigen, dass der Autopilot sicherer, zuverlässiger und reaktionsschneller fährt. Damit ist allerdings der Reiz des Autofahrens dahin. Als Unterschied zur Bahn verbliebe der Verzicht auf das Mitropa-Flair.

Assistenten im Auto

ABS
Mit dem Antiblockiersystem hat alles angefangen. Mitte der 1980er Jahre begann man, elektronische Regelsysteme serienmäßig in Fahrzeuge einzubauen. Hierbei wird an jedem Rad ein Sensor angebracht, der misst, ob sich das Rad dreht oder ob es steht. Wenn ein Rad sich langsamer dreht als die anderen, droht dieses Rad zu blockieren. Beim Bremsen verwertet das ABS-Steuergerät diese Daten und greift gegebenenfalls bis zu zehn Mal pro Sekunde ein. Das spürt man am ratternden Bremspedal.
Um das ABS auf trockener Straße richtig zu nutzen, muss der Fahrer oder die Fahrerin völlig enthemmt in die Bremse treten. Das

sollte geübt werden. Viele von uns haben in der Fahrschule in den Zeiten vor ABS noch gelernt, keineswegs zu stark zu bremsen, um das Blockieren der Räder zu vermeiden. Genau das übernimmt jetzt das ABS. Den Umgang mit dieser Technologie lernt man am besten in einem Fahrsicherheitstraining.
Bremsen kann richtig Spaß machen. Für mich war es ein eindrückliches Erlebnis, als ich während des Trainings bei einer Vollbremsung zum ersten Mal an einem Hindernis vorbeilenkte. Trotzdem ich mit voller Kraft auf der Bremse stand, blieb die Lenkfähigkeit erhalten. Kürzerer Bremsweg und dabei noch lenken können – das kann Leben retten.
Allerdings muss man einräumen, dass der Mensch selbst hier der entscheidende Faktor ist. Denn wenn ein Hindernis auftritt, wird ja nicht gleich gebremst. Die Reaktionszeit vom Erkennen über Staunen bis zum Handeln beträgt die sogenannte Schrecksekunde, und die dehnt sich immer mehr aus. Je öfter wir während des Fahrens telefonieren, simsen, uns schminken und rasieren – das alles beobachte ich täglich –, umso länger wird diese Sekunde. Sie kann Mensch und Tier das Leben kosten.

Das ABS mischt sich auch ein, wenn man leicht bremst und der Untergrund glatt ist – wie bei Regen, Eis, Matsch, Laub oder wenn die Räder wegen eines schlechten Profils rutschen. Sobald ein Rad beim Bremsen zu blockieren droht, ist das ABS zur Stelle.

In den ersten Jahren, nachdem die Systeme auf den Markt kamen, wurde ich öfter zu verunsicherten Autofahrern gerufen, die bei schneeglatter Straße den Eindruck hatten, ihre Bremse sei defekt. Dabei handelte es sich um ein funktionierendes ABS. Dieser neue Assistent war ihnen bislang durchgerutscht.

ESP

Das Elektrische Stabilitätsprogramm nutzt die Bauteile des ABS. Mit den Sensoren, die sich bereits an den Rädern befinden und kontrollieren, ob ein Rad stehen bleibt oder nicht, korrigiert das ESP die einzelnen Räder, indem es sie abbremst, sobald das Auto auszubrechen droht. Zwei Sensoren erkennen das bevorstehende Schleudern eines Wagens schon im Ansatz. Weicht die Drehbewegung des Autos von der Lenkbewegung des Fahrers ab – ich lenke nach rechts, das Auto dreht minimal nach links –, greift das ESP ein. Die Motorleistung wird gedrosselt und das Fahrzeug wieder in die Spur gebracht. So verhindert das ESP ein Schleudern des Wagens. Dadurch können viele Unfälle vermieden werden, bei denen Fahrzeuge möglicherweise seitlich aufprallen würden. An den Flanken ist ein Auto am verletzlichsten. Die Knautschzone ist sehr schmal; zwischen Tür und Fahrer liegen nicht mal 30 Zentimeter.

Der elektronische Schleuderschutz ist nach dem Sicherheitsgurt und noch vor dem Airbag das wichtigste Sicherheitssystem. ABS und ESP sind heutzutage fast schon selbstverständlich. Ab 2014 müssen alle Neufahrzeuge damit ausgerüstet sein.

Spurhalteassistent

Eine Minikamera hinter der Frontscheibe erkennt die Markierungen auf der Fahrbahn. Sobald sich der Wagen bei ausgeschaltetem Blinker einer Leitlinie nähert, warnt das System per Vibration, oder Chantal kreischt kurz auf und löst einen sanften Lenkimpuls zurück in die Spur aus.

Abstandstempomat / Notbremsassistent

Hiermit wird ein sicherer Abstand zum Vordermann eingehalten. Radarsensoren melden dem Abstandstempomaten die aktuellen Daten. Der dazugehörige Notbremsassistent warnt die Fahrerin ebenso freundlich wie den Fahrer gegebenenfalls vor einem Zusammenstoß und löst bei Bedarf auch selbständig eine Notbremsung aus.

Fernlichtassistent

Endlich etwas, wovon alle profitieren. Aufgrund der Daten einer Kamera wird automatisch auf- und abgeblendet. Auch die Reichweite des Fernlichts kann der Verkehrssituation angepasst werden, so dass man möglichst weit gucken kann, ohne andere zu blenden.

Verkehrszeichenerkennung

Deutschland ist ein Schilderwald. Um sich in dem Dickicht zurechtzufinden, registriert eine Kamera die Verkehrsschilder und spiegelt die wichtigsten ins Armaturenbrett oder Head-up-Display auf die Windschutzscheibe. Navi-Systeme lotsen ebenfalls durch den Schilderwald und melden zumindest Geschwindigkeitsbeschränkungen.

Spurwechsel- / Totwinkelassistent

Radar und Kamerasensoren überwachen den Nahbereich um das Fahrzeug. Sobald jemand in den toten Winkel einfährt, wird die Fahrerin oder der Fahrer benachrichtigt: Es piept.

Heckaufprallassistent

Wenn sich ein Fahrzeug mit hohem Tempo von hinten nähert, ist mit einem Unfall zu rechnen. Der Heckaufprallassistent bereitet das Auto auf einen Auffahrunfall vor … und beamt es weg? Leider nein: Es werden lediglich die Kopfstützen positioniert und die Gurtstraffer aktiviert.

Personenerkennung
Um Menschen und Tiere nicht zu überfahren, erkennt ein Kamerasystem deren Silhouette und meldet gegebenenfalls: bekanntes oder unbekanntes Objekt direkt vor uns.

Müdigkeitsassistentin
Einschlafzuckungen verraten die Bereitschaft, in den Sekundenschlaf zu fallen. Außerdem lässt die Konzentration kurz vor dem Sekundenschlaf deutlich nach. Es werden gehäuft kleinere Lenkfehler gemacht, die von der Müdigkeitsassistentin jedes Mal korrigiert wurden. Der Lenkwinkelsensor erkennt die Abweichungen vom normalen Bewegungsprofil des Fahrers und reagiert darauf. Manchmal kommt zusätzlich eine Kamera zum Einsatz. Bevor man so richtig einschläft, wird man durch einen Signalton geweckt, und Chantal schlägt freundlich eine Pause vor.

Einparkhilfe
In vielen Fahrzeugen sind Sensoren auch in der Stoßstange verbaut und helfen beim Einparken, so dass man nach Gehör fahren kann. Je näher man einem Hindernis kommt, desto hektischer piepst es vorne und hinten.

Einparkassistent
Der Einparkassistent ist der Beifahrer, der ins Lenkrad greift. Er fährt das Auto selbständig ein Stück vor, vermisst die Parklücke, schlägt auf den Punkt genau ein, macht also genau das, was jeder echte Kerl und jede echte Kerlin angeblich auch können sollte. Allerdings ohne hinterher bewundert werden zu wollen.

Wenn das Unvermeidliche trotz des Einsatzes der intelligenten Beifahrer geschieht und es zu einem Unfall kommt, ist das Rettungsteam mit den Heckaufprallassistenten schon an Bord.

Airbags

Bei einem Aufprall lösen bis zu neun Airbags aus, die die Insassen in ein Meer von Luftsäcken tauchen. Für die Unversehrtheit muss man allerdings Gehörschäden in Kauf nehmen. Es lohnt sich herauszufinden, wo sich im eigenen Fahrzeug überall Airbags befinden, damit man dort nicht gerade eine Kaffeetasse geparkt hat oder einem der MP3-Player oder Handyhalter wie Geschosse um die Ohren fliegen. So was kann ins Auge gehen. Auch bei Brillen, denn die fliegen bei einem Unfall meistens davon.

Raucher sollten wissen, dass ihnen bei einem Unfall gegebenenfalls die Zigarette im Gesicht ausgedrückt wird.

Airbags retten Leben. Auch schwere Beinverletzungen sind stark zurückgegangen. Um aber Verletzungen, die durch den Airbag selber entstehen, zu verhindern, müssen die Insassen nicht nur angeschnallt sein, sondern sich auch in einer korrekten Sitzposition befinden. Kopfstütze richtig eingestellt, aufrechte Sitzposition mit einem Abstand von circa 30 Zentimetern vom Lenkrad entfernt. Der Beifahrersitz möglichst weit nach hinten.

Icall

Beim Auslösen der Airbags wird die Kraftstoffpumpe abgeschaltet, ein Signal an den Fahrzeughersteller geschickt und der Rettungsdienst alarmiert. Der Standort des Fahrzeugs wird über GPS ermittelt. Das kann Leben retten, denn immer wieder kommt es vor, dass Unfälle unbemerkt bleiben. Autos schleudern von der Straße, liegen in Maisfeldern oder stürzen einen Hang hinunter.

Die Schwerverletzten warten manchmal tagelang auf Rettung. Oft kommt sie zu spät.

Der Haustierassistent
Ein ohne Hundeanschnallgurt versehener Vierbeiner gilt als unbefestigte Ladung, die bei einem Unfall durch das Fahrzeug geschleudert wird und sich und andere verletzen oder töten kann. Deshalb: anschnallen oder rein in die Hundetransportbox.

Die Rache am Pollenfilter

Es ist zu viel des Guten, wenn beim Fahren, womöglich in einer scharfen Kurve, Chantal Gabi unhöflich ins Wort fällt und auf das zur Neige gehende Scheibenwaschwasser hinweist, während sich gleichzeitig der Verkehrsfunk einschaltet, um einen Geisterfahrer in dreihundert Kilometern Entfernung zu melden. Wenn Gabi dann etwas hinterherhinkt und bei einer Autobahnauffahrt zeitversetzt meldet: »Jetzt abbiegen« und noch das Handy klingelt, wird man womöglich selbst zum Geisterfahrer.
Es soll Menschen geben, denen der Assistententerror auf die Nerven geht. Die haben die Nase voll von der ständigen Bevormundung und Ansagen wie: »Pollenfilter verstopft.« Manche von ihnen versuchen, die immer dreister werdenden Besserwisser zu unterwerfen, indem sie bis zur Erschöpfung Fehlermeldungen produzieren. Sie fahren mit geöffnetem Kofferraum, schnallen sich mutwillig nicht an, lassen den Scheibenwaschbehälter austrocknen und weichen hämisch grinsend dauernd von der berechneten Route ab.
An dieser Stelle möchte ich Gabi und Chantal und natürlich auch Björn in Schutz nehmen: Sie tun nur, wofür sie bezahlt wurden. Und außerdem: Man kommt nicht gegen sie an. Es sind zu viele.

Durch die Computervernetzung sind Fahrzeuge immer angreifbarer. Viele Neuwagen werden mit höchster Ausstattungsstufe an die Händler geliefert. Je nachdem, was man erworben hat, wird lediglich über eine Codierung der entsprechenden Steuergeräte die Komfortstufe begrenzt oder im Premium-Bereich alles freigeschaltet. Wer in Autoforen surft, findet interessante Tipps, Anleitungen und sogar Codes, wie sich bei manchen Modellen der Komfort erhöhen lässt – ohne Aufpreis. Für dieses Tuning ist nicht einmal besonderes Computerwissen erforderlich, obwohl es natürlich als Hacken gilt. Ob es allerdings strafbar ist, hängt womöglich davon ab, ob es sich um ein Leasingfahrzeug handelt oder es bar bezahlt wurde, nach dem Motto: Ich habe meinen eigenen Computer gehackt. Wäre jedes Auto ein geschlossenes System mit seiner eigenen Bordelektronik, könnte der Zugriff von außen leichter verhindert werden. Doch schon beim Aufsperren des Wagens begegne ich ihm mit einem Signal von außen. Ich öffne das Auto mit einer Fernbedienung oder Chipkarte und gewähre damit auch unerwünschten Eindringlingen wie Viren und Trojanern Zutritt. Eingriffe in CAN-Bus-Systeme dürften für Hacker kein Problem darstellen. Es wäre also ein Leichtes, die vorhin beschriebenen Assistenten zu manipulieren. So ist es bösen Schurken möglich, über die Bluetooth-Schnittstelle Ihres Telefons, mit Hilfe einer Musik-CD oder über den Reifendrucksensor zu Ihnen ins Auto zu kommen und Ihnen beim Fahren ein wenig ins Lenkrad zu greifen.
Nicht dass ich glaube, wir hätten in zehn Jahren noch die Wahl, mit welcher Ausstattung wir ein Auto kaufen wollen. Aber die Entwicklung zu immer mehr Komfort und Sicherheit birgt auch neue Gefahren, die sich die meisten von uns gar nicht vorstellen können. Und so, wie wir ferngesteuerte Spielzeugautos bereits kennen, werden wir, wenn's blöd läuft, selbst zum Spielzeug an-

derer im Cyberwar. Irgendwann kehrt sich jedes Streben nach noch mehr Sicherheit in neue Verletzlichkeit.
Übrigens, für alle Kontrollfreaks: Absolute Sicherheit gibt es nicht und auch kein Recht auf Sicherheit. Aber den tiefen Wunsch. Die Römer baten ihre Göttin *Securitas,* für die eigene Unversehrtheit zu sorgen. Man kann auch seinen Schutzengel anrufen oder so gut es geht selber auf sich aufpassen. Aber letztlich bleibt es eine Gnade, ein Geschenk, wenn man unbeschadet davonkommt. Sicherer wird man im Laufe seines Lebens dadurch, dass man sich an viele Unsicherheiten gewöhnt.

Gabi kennt den Weg: Navis

Der populärste Assistent im Auto ist eine Frau. Ohne sie traut sich kaum noch jemand auf die Straße, wenn die Reise weiter als bis zum Supermarkt führt. Gabi kennt den Weg. Es verwundert immer wieder, dass nicht Björn ansagt, wo es langgeht: »Jetzt rechts abbiegen. Rechts habe ich gesagt!« Stattdessen teilt Gabi leidenschaftslos mit: »Bitte bei der nächsten Gelegenheit wenden.« Früher sagte Gabi: »Bitte wenden.« Das wurde von einigen Autofahrern wörtlich genommen, mit fatalen Folgen.
Obwohl es noch gar nicht lange her ist, dass Menschen eigenständig ihren Weg suchten und fanden, ist diese Fähigkeit in wenigen Jahren fast völlig abhandengekommen. Ratlose Autofahrer parken auf Kreuzungen, in Kreisverkehren und vor riesigen Autobahnschildern und suchen nicht etwa nach dem Weg – sie warten. Halten einfach an und warten, egal wo. Gabi berechnet eine neue Route. Gabi hat den Kontakt zu ihren Freunden im All verloren. Gabi ist abgestürzt. Da kann man auf keinen Fall weiterfahren – auch auf der Autobahn nicht! In solchen gefährlichen Parkpositionen kann es leicht zu Auffahrunfällen kommen. Kommt es auch.

Mutterseelenallein ohne Navi

»Mein Navigationsgerät funktioniert nicht mehr«, begrüßte mich Herr Söderbeck leicht atemlos. Sein Wagen der oberen Oberklasse war sicher kein Jahr alt. Ich staunte, bin ich doch Automechanikerin, nicht Systemadministratorin. Dennoch kontrollierte ich die Sicherungen des in die Ausstattung integrierten Gerätes und stellte bald fest, was ich mir schon gedacht hatte. »Leider kann ich Ihnen nicht weiterhelfen.«

Herr Söderbeck schien den Tränen nahe. Seine Verzweiflung stand in keiner Relation zu der Kleinigkeit, die ich hinter dem Fehler vermutete, der sich jedoch erst am Diagnosecomputer einer Fachwerkstatt offenbaren würde.

»Am besten, Sie fahren am Montag in eine Werkstatt. Heute, am Sonntag, kann ich Ihnen keine vermitteln. Aber das ist ja nicht so schlimm, der Wagen fährt einwandfrei. Lebenswichtige Funktionen sind von dem Fehler nicht betroffen. Es handelt sich um einen Schaden an der Komfortelektronik.«

Herrn Söderbecks Adamsapfel sprang nervös auf und ab. »Aber wie komme ich denn jetzt weiter?«, fragte er mich leicht hysterisch. Es dauerte einen Moment, bis ich sein Dilemma verstand.

»Wo wollen Sie denn hin?«, fragte ich.

Herr Söderbeck gewann seine Fassung zurück. »Ich brauche einen Leihwagen«, stellte er fest.

»Ihr Wagen fährt einwandfrei.«

»Als Mitglied habe ich Anspruch auf einen Leihwagen«, behauptete Herr Söderbeck. »Die sind doch serienmäßig mit Navi ausgestattet, oder?«

Herr Söderbeck war nur wenig jünger als ich. Er musste sich also an die Zeiten vor Navi erinnern. Er musste wissen, dass es theoretisch möglich war. Ich wagte einen Vorstoß: »Wenn wir jetzt zusammen in eine Landkarte schauen und eine für Sie angenehme

Route aussuchen und ich Ihnen ganz genau aufschreibe, wie Sie an Ihr Ziel kommen … wäre das eine Möglichkeit?«

Er dachte nach. Sein Adamsapfel hüpfte. Dann fragte er: »Und wie komme ich zurück?«

»Wir können auch den Heimweg schriftlich festhalten.«

Herr Söderbeck rang mit sich. Lang schaute er sein Auto an.

»So einen tollen Leihwagen würden Sie natürlich nicht kriegen«, sagte ich. Er tat mir leid. Er war in echter Bedrängnis. Vielleicht war er vor Navi mit Chauffeur gefahren? Oder mit Mutti?

Herr Söderbeck atmete tief durch. »Gut. Ich mache es.«

»Es klappt bestimmt«, sagte ich, ein wenig vorschnell, wie ich am selben Abend feststellte, als ich las, was Forscher vor kurzem herausgefunden haben: Männer verlaufen sich leichter, und es dauert, bis sie nach Hause finden. Über 40 Männer und Frauen aus einer Gemeinde in Mexiko wurden mit GPS-Sendern ausgestattet und über ein Jahr lang ihre Wege beim Pilzesuchen aufgezeichnet. Obwohl Männer und Frauen im Schnitt die gleiche Menge Pilze nach Hause brachten, legten die Männer dabei wesentlich längere Wege zurück und benötigten 70 Prozent mehr Zeit und Energie als die Frauen.

Assistent gesunder Menschenverstand

Eigentlich sollte das Navi unsere Fahrten vereinfachen und uns entspannen. Nähern wir uns einem Stau, werden wir noch vor den Radionachrichten informiert, und es wird uns eine tolle Alternativstrecke vorgeschlagen. Wie toll die ist, merken wir, wenn wir Stunden danach im Stop-and-go-Modus an der nächsten Anschlussstelle wieder auf die Autobahn auffahren und alte Bekannte treffen. Hatte ich den Lkw mit der Aufschrift »Meiner ist 18 Meter lang« nicht schon vor dem Stau überholt?

Wer Stauumfahrungen nutzt, hat auch schon Pech mit ihnen gehabt. 40 Prozent der Navibesitzer reagieren wie hektische Hakenschläger und versuchen, irgendwie in Bewegung zu bleiben. Bloß kein Stillstand, und wenn auch nur das Knie zuckt. 40 weitere Prozent verharren schicksalergeben im Stau. Ach, das hilft doch eh nichts. Wäre ich bloß zu Hause geblieben.
Ganz Schlaue haben vorgesorgt: Zeit für eine Entspannungs-CD! Weitere 20 Prozent entscheiden nach Tagesform, ob sie im Stau bleiben oder Lust verspüren, mal eine andere Strecke ausprobieren. Tatsche ist, dass die Gemeinden in Autobahnnähe seit circa zehn Jahren über kollabierenden Verkehr auf ihren Durchgangsstraßen klagen, wenn auf der Autobahn ein Unfall passiert ist. Die Nebenstrecken sind nun mal nur für 10 Prozent der Ausbüxer ausgelegt. Sobald es mehr werden, ist dort auch Stau. Würde Gabi uns nicht nur die Stauumfahrung anbieten, sondern auch einen Countdown – 10, 9, 8, noch sieben Fahrzeuge können abfahren –, würden nicht alle wie die Lemminge aus dem Stau in den Stau stürzen. Gabi könnte mit gutem Beispiel vorangehen: »Ach, ich weiß im Moment keine Alternative. Am besten, du chillst mal ’ne Runde. Ich melde mich dann, wenn’s irgendwo weitergeht.«
Untersuchungen haben ergeben, dass eine Stauumfahrung lediglich bei einer Totalsperrung Sinn macht. Bei einer solchen bricht inzwischen immer öfter kopfloser Tatendrang aus. Autofahrer beginnen auf der Autobahn zu wenden und auf dem Seitenstreifen zur letzten Ausfahrt zurückzufahren. Das ist kein Witz, das ist Deutschland 2012. Ich glaube nicht, dass Gabi und Björn das angeordnet haben. Ich glaube eher, das sind jene Autofahrer und Autofahrerinnen, die bereits das Koma probten, als in der Fahrschule im Theorieunterricht die Rettungsgasse besprochen wurde. Jeder von uns kann einmal darauf angewiesen sein, schnell ärztlich versorgt zu werden.

Achtung: Die Rettungsgasse ist weder Ponyhof noch Wunschkonzert! Seit 1982 gilt: Bei mehrspurigen Autobahnen ist bei Stau zwischen der mittleren und der linken Spur eine Rettungsgasse zu bilden. Der Seitenstreifen bleibt immer frei! Bei zweispurigen Autobahnen oder Straßen fahren die links Fahrenden so weit wie möglich nach links, die rechts Fahrenden so weit wie möglich nach rechts, jedoch ohne den Seitenstreifen zu blockieren.

Diese Vorschrift soll helfen, Leben zu retten. Muss man das wirklich sagen? Jeder möchte doch auch, dass schnell Hilfe kommt, wenn er in Not ist.
Im letzten Jahr durfte ich einen Tag lang die Kollegen von der ADAC-Luftrettung im Hubschrauber begleiten. Bei diesem Einsatz habe ich eindringlich erfahren, wie schwierig es manchmal sein kann, verletzte Menschen zu bergen. Wenn der Hubschrauber vor der Polizei am Unfallort eintrifft, müssen die Autofahrer anhalten, damit der Hubschrauber landen kann. Das tun sie aber nicht unbedingt. Der Hubschrauber schwebt zehn Meter über dem Unfall, um die Schwerverletzten zu bergen. Die Autos fahren einfach noch schnell unten durch. Da ist kein Platz zum Landen. Diese gedankenlose Dreistigkeit und Ignoranz verhindert womöglich, dass Menschenleben gerettet werden. Man hat einfach keinen Bock zu warten. Und wer weiß, wie lang das jetzt dauert. Der eigene Vorteil, der eigene Termin erscheint wichtiger als ein Menschenleben. Ein schwer verletzter Mensch – der jeder von uns sein könnte – kann nicht warten. Hier geht es vielleicht um Sekunden, Minuten.
Also: Sollte Ihnen auf der Autobahn ein Rettungshubschrauber im Tiefflug auffallen, halten Sie an und helfen Sie mit, dass er landen kann!

Zehn Verhaltensregeln bei der Rettungshubschrauberlandung:

- Gemähtes Gras, Sand, Schotter oder lockerer Schnee werden bei der Landung des Hubschraubers hochgewirbelt. Sie beeinträchtigen die Sicht und können die Sicherheit des Hubschraubers gefährden. Die Auslaufphase des Rotors nach der Landung beträgt etwa zwei Minuten. So lange müssen Autos und Passanten in angemessenem Abstand warten. Es kann lebensgefährlich sein, sich vor der Freigabe durch die Rettungskräfte oder eines Besatzungsmitgliedes in die Nähe des Hubschraubers zu begeben.
- Vor der Landung herumliegende lose Gegenstände entfernen. Keine Tücher oder sonstige Zeichen auslegen! Verletzte lassen sich am einfachsten mit einer Decke schützen.
- Annäherung an den Hubschrauber nur von vorne in gebückter Haltung mit Blickkontakt zum Piloten (der Pilot befindet sich auf dem rechten Sitz). Nicht laufen! Keine Gegenstände über den Kopf halten!
- Niemals von hinten an den Hubschrauber herangehen! Der schnell drehende Heckrotor ist kaum zu sehen!
- Wer auf die andere Seite will: Immer vorne um den Rettungshubschrauber herumgehen.
- Im schrägen Gelände auf unterschiedlichen Abstand des Rotors vom Boden achten. Immer von der Talseite her an den Hubschrauber herangehen.
- Lose Bekleidungsstücke wie Mützen und Schals sowie Brillen bei Annäherung an den Hubschrauber festhalten. Vorsicht bei langen Gegenständen. Achten Sie auf Antennen, Ski, Sondierstangen etc. Lange Gegenstände waagrecht zum Rettungshubschrauber tragen.

- Für Rettungsdienste und andere Fahrzeuge gilt: Nicht bis an den Hubschrauber heranfahren. Gefahrenbereiche beachten.
- Bei laufendem Rotor begrenzt das Heckleitwerk den Arbeitsbereich beim Be- und Entladen. Hinter dem Heckleitwerk besteht Lebensgefahr.
- Rauchverbot und kein offenes Feuer in der Nähe des Rettungshubschraubers!

Die Rettungskarte

Da in den modernen Fahrzeugen sehr viel Sicherheitstechnik verbaut ist, die zum Teil mit Sprengstoff ausgelöst wird – Airbag, Gurtstraffer –, kann es bei einem Unfall sehr schwierig werden, eine eingeklemmte Person aus dem Fahrzeug zu befreien. Während früher Autos von der Feuerwehr aufgeschnitten wurden, benötigt diese heute detaillierte, modellabhängige Angaben, wo sich beispielsweise Sprengstoffpatronen, Batterien und so weiter befinden. Um bei einem Unfall nicht erst lange suchen zu müssen, kann man sich im Internet die Rettungskarte für sein eigenes Auto ausdrucken und sie hinter der Sonnenblende des Fahrersitzes anbringen. www.rettungskarte.de
In den ADAC-Geschäftsstellen erhält man einen passenden Aufkleber für die Windschutzscheibe, so dass die Feuerwehr sofort sieht, dass sich an Bord eine Rettungskarte befindet.

Der Hammer

Stellen Sie sich vor, nach einem Verkehrsunfall sind Sie zwar unverletzt, doch Ihr Anschnallgurt hat sich verklemmt. Der bedrohliche Geruch von Benzin breitet sich aus. Was wünschen Sie sich nun am intensivsten? Zigarette, Handy, Messer?
Stellen Sie sich vor, Ihr Wagen ist in einer Kurve von der Straße abgekommen und in einen Fluss gestürzt. Die Bordelektronik funktioniert nicht mehr, und weil Sie diese Situation nicht geprobt haben, kamen Sie im Flug nicht auf die Idee, schnell noch die elektrischen Fensterheber zu betätigen. Denn unterwegs waren Sie beschäftigt mit der Erinnerung an Filme, aus denen Sie gelernt haben, dass man Türen unter Wasser wegen des hohen Drucks nicht öffnen kann. Sie sind fast unverletzt, das Handynetz ist löchrig. Was wünschen Sie sich am meisten? Kaugummi für Druckausgleich, Schwimmweste, Hammer?

Abb. 41: Nothammer

Stellen Sie sich vor, Sie haben große Angst vor Verkehrsunfällen, meiden Stress und fahren am liebsten mit der Bahn. Leider versagt die Klimaanlage im ICE, und Sie sitzen mit vielen hundert Mitreisenden bei über 40 Grad Celsius in einem dicht verschlossenen Zug. Was wünschen Sie sich? Einen guten Freund zum Reden, ein Cornetto Erdbeer, einen Hammer?
Stellen Sie sich vor, Sie kommen zu einem Verkehrsunfall, und in dem Auto sitzen kleine Kinder mit einer ohnmächtigen Mutter. Die Türen lassen sich nicht öffnen. Die Kinder sind festgeschnallt in ihren Sitzen. Was wünschen Sie sich jetzt am meisten? Einen Fotoapparat, eine Clownsnase, einen Hammer?
Stellen Sie sich vor, Sie haben keinen Unfall. Sie sitzen einfach in Ihrem fast neuen Auto. Ihr Kind schläft in seinem Sitz auf der Rückbank. Der Motor springt nicht an. Plötzlich klackt es. Die Zentralverriegelung schließt das Automobil, und der Strom fällt komplett aus. Der Wagen steht auf Ihrem hauseigenen Parkplatz, uneinsehbar von der Straße aus und im Funkloch. Sie wollten nur schnell zum Einkaufen. Es ist acht Uhr morgens, und gegen 19 Uhr wird Ihr Partner nach Hause kommen. In den Morgennachrichten hat das Moderatorenduo von einer der kältesten Nächte gesprochen. Das Thermometer zeigt 12 Grad minus. Was wünschen Sie sich? Einen Latte macchiato, beheizbare Socken, einen Hammer?
Was früher das Taschenmesser war, ist heute der Nothammer mit Gurtschneidefunktion. Gehört in jede Handtasche, in jedes Auto. In Griffnähe! Am besten im Fahrerfußraum.
Tragen wir ihn wie einen guten Freund von Herzen gerne ein Leben lang mit uns herum … und freuen uns bei seinem Anblick jedes Mal, dass wir ihn noch nie gebraucht haben.

Ab-Lenkung

Die Unfälle, bei denen Fahrzeuge ohne ersichtlichen Grund von der Straße abkommen oder mit voller Fahrt in den Gegenverkehr steuern, nehmen zu. Wurden Frontalzusammenstöße früher vor allem von Überholjunkies verursacht, sind es heute immer öfter ganz normale Menschen, die vielleicht sogar von sich behaupten, keine Raser zu sein, und am liebsten gemütlich durch die Gegend kutschieren. Doch sie lassen sich von den Rufen aus dem Cyberspace ablenken. Das hat nicht nur mit der Vielzahl der Stimmen und Geräte zu tun, sondern auch mit einem veränderten Zeitgefühl in der Anderswelt. Sobald Sie sich beim Fahren zum Handschuhfach vorbeugen und dort kurz etwas herausnehmen, wenden Sie Ihren Blick für ein paar Sekunden von der Straße. Länger dauert es, wenn Sie etwas in Ihrer Handtasche suchen. Handtaschen gelten bekanntlich als Antimateriefallen, und ihre Tiefen sind unergründlich. Je länger Sie den Blick von der Straße abwenden, desto gefährlicher wird es. Für Sie selbst und für andere. Doch noch nehmen Sie irgendwie am Straßenverkehr teil, weil sie, falls multitaskingbegabt, mit der Hand tasten können und gleichzeitig auf die Straße schauen. Bei einem Handy mit SMS- und E-Mail-Funktion, einem Feintuning der Stereoanlage und einer Neuprogrammierung des Navis begeben wir uns in eine andere Welt, die unsere Aufmerksamkeit stark in Anspruch nimmt, auch wenn wir selbst das gar nicht so empfinden. Vielleicht bewerten wir sie höher, vielleicht tickt die Zeit im Cyberspace langsamer als im echten Leben. Jeder, der noch eben mal schnell was am Computer machen will, obwohl das Essen gleich fertig ist, kennt das. Daran zerbrechen Beziehungen. Und zwar nicht die zum Computer. Die wird dann nur noch enger. Im Verkehr kann so eine zu enge Beziehung tödlich enden. Denn Unfälle ereignen sich weiterhin analog.

Schlüsselreiz

Heute ist jedes Auto mit einer vom Hersteller eingebauten Drei-Wege-Wegfahrsperre ausgerüstet, über die das Motorsteuergerät freigeschaltet wird. Wenn die Wegfahrsperre mal einen bockigen Tag hat, kann meist nur die Fachwerkstatt helfen. Die meisten modernen Wegfahrsperren funktionieren mit einem im Schlüssel eingebauten Chip, der von einer Ringantenne am Zündschloss vor dem Start gelesen wird. Manche Autos bestehen auf eine ordentliche Vorgehensweise. Sie verlangen, vor dem Starten mit der Fernbedienung geöffnet zu werden. Lässt man sie eine Weile unverschlossen herumstehen, weil man aussteigt und sich unterhält oder auf dem eigenen Grundstück innerhalb des Zauns keine Veranlassung sieht, den Wagen abzuschließen, dann möchte das Auto bitte gern doch erst verschlossen und ordentlich geöffnet werden, ehe es gestartet wird, weil vor dem Start ja noch das Aufsperren kommt. Das findet man besser nicht albern, sondern beugt sich. Sonst drückt das Auto seinen Unmut über eine rot blinkende Diode im Armaturenbrett aus.
In Frankreich war es mal eine Zeitlang schick, vor dem Start seine Geheimzahl in ein Tastenfeld einzugeben. Das hat sich gerade auch bei Fahrern von Fluchtautos nicht durchgesetzt, wobei dies nicht der Grund dafür sein dürfte, dass das System aus der Mode kam. Immerhin hat es einwandfrei funktioniert, was man von den sonstigen europäischen Wegfahrsperren nicht behaupten kann.
Der aktuelle Trend heißt *keyless go*. Eine Art EC-Karte legitimiert den Fahrer und öffnet den Wagen. Mittlerweile muss sie nicht mehr, wie bei der ersten Generation, in einen Kartenleseschlitz gesteckt werden, sondern nur in der Nähe des Autos sein. Das hört sich praktisch an, hat aber auch Nebenwirkungen.

Diebstahlwarnanlage

Häufig verwechselt mit der Wegfahrsperre wird die Diebstahlwarnanlage. Sie erfreut sich allergrößter Beliebtheit bei Nachbarn und Anwohnern, wenn sie zu später Stunde außer Rand und Band gerät. Aufgrund von Irritationen kann es passieren, dass das Auto plötzlich glaubt, entführt zu werden, oder Eindringlinge vermutet. Durch lautstarkes Blinken und Hupen macht es auf seine Notlage aufmerksam. Diese ist nur vom Besitzer – und dem Schlüssel mit der dazugehörigen Fernbedienung – zu beruhigen, günstigstenfalls.

Ansonsten heißt es Batterie abklemmen, auf den Pannendienst warten und das Fahrzeug, sollte ein Reset keine Besserung bringen, zur stationären Behandlung in eine psychiatrische Klinik überführen.

Übrigens fürchten mehr Menschen den Verlust ihres Wagens, als man gemeinhin annimmt. So werden inzwischen Ortungsgeräte mit GPS-Sender angeboten, die man im Fahrzeug unterbringt und die ständig die Position des Wagens überprüfen und den Besitzer per SMS informieren, wenn der Wagen den Geofence, also den vom Besitzer gesetzten virtuellen Zaun um den geliebten Wonneproppen, verlässt.

Die Plappertaschen

Wir trafen uns auf dem Parkplatz am Flughafen. Das junge Paar war zwei Wochen im Urlaub gewesen. Beide waren gut erholt und braun gebrannt, ihr Auto hingegen total erschöpft. Völlig ausgebrannt stand der edle Daimler in einer Reihe neben den Fahrzeugen einer Autovermietung.

»Haben wir das Licht brennen lassen? Das kann man doch gar

nicht. Das schaltet sich doch alles automatisch ab?«, fragte sich die Frau.
»Was hat er denn nur?«, wollte der Mann von mir wissen. »Er ist doch noch wie neu. Da darf doch nichts sein!«
»Wie konnte das passieren?«, fragte die Frau mich. »Zwei Wochen sind doch keine Zeit.«
Eigentlich nicht, dachte ich. Zumal die Batterie des Wagens sehr groß und noch kein Jahr alt war.
Ich schaute mich um und überlegte einen Moment. Hier standen auffallend viele neue Autos. Vermutlich Leihwagen der benachbarten Autovermietung und Firmenwagen. Sie gehörten alle zu der Generation, die bereits mit CAN-Bus-Kommunikationselektronik ausgerüstet war. Bei diesen Autos kommuniziert eine große Anzahl von Steuergeräten ständig miteinander. Was machst du, und du? Wie läuft's bei dir? Sollen wir uns vorbereiten? Fahren wir gleich los? Wie war die letzte Fahrt, ist dir was aufgefallen? Hast du auch gemerkt, dass …?

Wenn man den Wagen verschließt und weggeht, plappern die fleißigen Steuergeräte noch circa eine Stunde weiter und bereiten die letzte Fahrt nach. Erst dann gehen sie in den Ruhemodus. Sobald nun jemand in der Nähe per Fernbedienung sein Auto öffnet, schrecken sie hoch, wedeln mit dem Schwanz und fühlen sich erst mal gemeint. Ist das unser Schlüssel? Sind wir dran? Diensteifrig überprüfen sie die Lage. Sind wir startklar? Ach, wir sind ja gar nicht gemeint. Aber wenn man schon mal wach ist, hat man sich auch gleich einiges zu erzählen.
Erst nach einiger Zeit kehren sie in ihren Schlafmodus zurück, bis der nächste Ruf einer Fernbedienung sie weckt, was auf einem Flughafenparkplatz einer Autovermietung nicht lange dauern kann.
Und so wird fröhlich weitergebrabbelt, bis die Autobatterie völlig entladen ist. Und wenn dann Herrchen und Frauchen mit dem

richtigen Schlüssel kommen und sie endlich gemeint sind, liegen sie erschöpft im Koma und benötigen dringend eine Starthilfe. Was war das denn? Seid ihr alle da? Wer hat das Fehlerprotokoll geschrieben? Warum hat mich niemand geweckt? Die Fahrzeughersteller haben auf dieses Phänomen inzwischen mit einem zusätzlichen Assistenten reagiert: dem Batteriesensor, der die Entladung der Batterie überwacht.

Das Sesamkorn im Heuhaufen

»Ich hab die Hecke geschnitten«, begann der Mann, dessen Auto nicht ansprang, als gäbe es da einen Zusammenhang. »Dann hab ich sie mit der Schubkarre zum Hänger gebracht. Wie ich häckseln fahren will, springt der Wagen nicht mehr an.«

Der VW Golf parkte vor einer Schrebergartenanlage, die Motorhaube war geöffnet.

»An der Batterie kann's nicht liegen«, sagte Herr Juhnke.

Ich nickte und machte mir mein eigenes Bild. Obwohl es in über 90 Prozent der Fälle, wo es nach Aussagen des Besitzers nicht an der Batterie liegen kann, doch an der Batterie liegt, kam diese als Verursacherin hier eindeutig nicht in Frage. Das hörte ich sofort. Beim Starten sprang der Motor an und ging zwei Sekunden später wieder aus. Dieses Spiel wiederholte sich bei jedem weiteren Startversuch. Ein typisches Symptom einer Wegfahrsperrenzerrung. Das verwunderte mich, denn bei diesem Modell hatte ich noch nie mit einer Wegfahrsperre zu tun gehabt. Wenn man täglich liegen gebliebene Autos behandelt, kennt man seine Pappenheimer und ihre typischen Schwächen. Die werden jährlich in der ADAC-Pannenstatistik veröffentlicht, zumindest was die Ausfallhäufigkeit der einzelnen Modelle betrifft. Meine Diagnose war klar, da brauchte ich nicht mal meinen Computer *Deep Thought* anzuschließen.

»Haben Sie noch einen anderen Schlüssel zur Hand außer dem hier?«, fragte ich Herrn Juhnke.
»Nein, ich hab leider nur noch den einen. Und der ist mir gestern zerfallen.«
Ich wurde hellhörig. »Wie, zerfallen?«
»Na, er ist irgendwie zerbröselt. Aber ich hab ihn repariert.«
Ich zog den Schlüssel aus dem Zündschloss. Das war kein normaler Schlüssel, es war ein kleines Kunstwerk. Die Rundung oberhalb des Bartes aus buntem Kunststoff gegossen, mit einer kleinen Muschel verziert.
»Haben Sie das gemacht?«, fragte ich anerkennend. Herr Juhnke lächelte ein bisschen verlegen.
»Haben Sie die Teile von dem zerbrochenen Schlüssel noch?«
Herr Juhnke überlegte, nahm seine Schirmmütze ab, strich über sein dünnes graues Haar und sagte dann zögernd: »Vielleicht liegen die noch auf dem Tisch.«
»Das wäre prima.«
»Wieso?«
»In dem Schlüssel muss ein kleiner Chip gewesen sein. Sieht aus wie ein Brösel, etwas größer als ein Sesamkorn.«
»Ich schau mal in der Laube nach«, sagte Herr Juhnke, »da ist es passiert.«
Drei Minuten später reichte er mir strahlend den Chip. Ich hielt ihn an das Zündschloss, drehte den Schlüssel, und der Wagen startete – und blieb an.
Beide freuten wir uns, und es war klar, was Herr Juhnke heute Nachmittag basteln würde.

Weniger flott verlief ein ähnlicher Fall mit einem Opel Astra. Hier neigen die Zündschlösser dazu, etwas zu haken. So kommt es öfter vor, dass man beim Herausziehen des Zündschlüssels aus dem Schloss nur die hintere Hälfte des Schlüssels in Händen hält.

So erging es auch Familie Kinnseher. Wir trafen uns auf einem Parkplatz mit Blick über den Bodensee. Eigentlich wollte die Familie Kanu fahren. Nun saß sie auf dem Trockenen, wenn auch mit schöner Aussicht. Frau Kinnseher hatte die beiden Schlüsselhälften ordentlich wieder zusammengesteckt. Doch den Chip hatte sie vergessen.
»Ich hatte keine Ahnung, dass so was in dem Schlüssel steckt.«
»Muss doch, Mami! Wie soll denn das Auto sonst anspringen? Die müssen doch kommunizieren«, wusste ihre Tochter mit der Zahnspange.
»Und wo ist er jetzt, der Chip?«, fragte Herr Kinnseher.
Die Tochter kniete schon am Boden und tastete mit den Händen über den Asphalt. »Bestimmt ist er winzig.«
Nach einigem Suchen fand ich den Chip im Fußraum. Ich steckte ihn zurück in den Schlüssel, und die Familie freute sich sehr, dass der Ausflug nun nicht ins Wasser fiel, sondern sie übers Wasser paddeln konnte.

Chips habe ich an den unmöglichsten Orten gesucht und leider nicht immer gefunden. Auf Parkplätzen, in Tiefgaragen sowie in Geschäften, wo Ersatzbatterien gekauft wurden. Wie kleine Kinder krabbelten meine Havaristen unter Theken herum, über Teppiche und schmutzige Fliesen auf der Suche nach dem Zugangscode. Wenn sie den Schlüssel zur Mobilität dann fanden, hielten sie ihn mit der Begeisterung von Goldsuchern in die Luft.
Bei einer Panne in England hat vor einigen Jahren tatsächlich ein kleiner Hund den Chip verschluckt. Die Besitzerin hatte das zum Glück gesehen. Mein Kollege vom AA (Anonyme Automechaniker) setzte den Hund kurzerhand aufs Lenkrad und konnte den Wagen so starten.

SCHULD & SÜHNE

Alhambra Blues

Er konnte nicht mehr. So ging es nun schon seit Wochen. Sie wollte zum Kindergarten, er wollte freibrennen. Der Seat war am Ende. Zuerst hatte er es noch alleine probiert, still und leise versucht, die Temperatur der Abgase zu erhöhen, damit die Rußpartikel im Filter verbrannten. Aber sie fuhr ja immer nur durch das verkehrsberuhigte Szeneviertel zum Einkaufen, zum Yoga und in diesen nach Myrte duftenden Kindergarten, wenige Minuten von seiner Heimatgarage entfernt. Er mochte die Kinder, die Frau, den Mann, den er nur selten zu Gesicht bekam, wenn er schnell an ihm vorbeihuschte, auf sein Fahrrad stieg und zur Arbeit strampelte. Er war damit einverstanden, ihn zu vertreten. Er war damit einverstanden, den Lastesel zu spielen und für alle Besorgungen zur Verfügung zu stehen. Brav sprang er an, tuckerte gemütlich durch die lieblichen Straßen der Eigenheimsiedlung. Sein Verbrauch war wunderbar niedrig und sein Stauraum ein Traum. Buggy, Laufrad, Fahrräder, Helme, Schulranzen und Sporttaschen, alles hatte Platz, sogar die Freunde der lieben Kleinen inklusive aller Stofftiere passten noch mit rein. Er nahm sie alle gern auf. Je voller, desto doller. Das war sein Job, das mochte er. Er war ein Familienvan! Und darauf war er stolz.

Er rechnete nicht damit, dass sich jemand um ihn kümmerte. Er war dazu da, sich um seine Familie zu kümmern, sie heil vom Sonnenaufgang zum Sonnenuntergang zu bringen und durch die Nacht. Aber dann passierte es. Er musste mal. Der Filter setzte sich immer mehr zu, die vielen Kurzstrecken, zu viel unvollständig verbrannter Kraftstoff, rußte ihm den Feinstaubfilter zu. Er musste immer dringender. Freibrennen, er brauchte Bewegung, mal so richtig *Gib ihm!,* mit 160 über die Autostrada zum Beispiel, gern in den Süden! Berge, Steigung, alles hätte er geleistet, die Familie fortgetragen zu einem schönen Ausflug. Aber die

wollte immer nur zum Einkaufen, Yoga und in den Kindergarten. Tag für Tag.
Und es kam noch schlimmer: Zu den schwärzesten Tagen seiner Existenz zählte jener Samstag, als er sie zum Bahnhof brachte und dort abgestellt wurde. Sie fuhren mit dem Treno. Ohne ihn. Dabei hätte er sich den Motor aus dem Raum gefreut, wenn sie den Ausflug mit ihm unternommen hätten. Montags ging dann alles weiter wie gehabt. Seine Verstopfung machte ihm Kummer. Er schämte sich, doch er sah keine andere Möglichkeit. Er bat um Hilfe und hisste eine Flagge, die gelbe Kontrollleuchte im Armaturenbrett. Nichts geschah. Oder doch? Sie vereinbarte einen Termin mit ihrer Osteopathin, zwanzig Kilometer weit entfernt. Zwanzig Kilometer! Was für ein Glück. Er schöpfte Hoffnung. Jetzt würde er sich freiblasen, und dann wäre alles wieder gut.
Doch wieder stand er im Stau. Und als sie ihn genervt, als wäre das seine Schuld, an einem Park & Ride bei der S-Bahn abstellte, brach er zusammen. Er verstopfte endgültig. Er konnte einfach nicht mehr. Willenlos ließ er sich auf den gelben Lkw laden und in die Klinik bringen.

Abgasreinigung

Dieselpartikelfilter / Feinstaubfilter

Inzwischen werden nun endlich serienmäßig Dieselpartikelfilter eingebaut. Das ist eine Art Sieb, in dem sich die dicken Rußpartikel verfangen. Wenn das Sieb anfängt zu verstopfen, wird durch Erhitzung oder mit Hilfe eines Additives, einer zugeführten Flüssigkeit, *Add blue* genannt, die Nachverbrennung dieser Rußpartikel unterstützt. Dazu muss aber gefahren werden, und zwar so, dass der Motor die dafür notwendige Temperatur der Abgase erreichen kann. Was bleibt, ist Asche. Deshalb muss der Dieselpartikelfilter irgendwann ausgewechselt und gegebenenfalls das Additiv in der Werkstatt aufgefüllt werden.

»Plötzlich kam eine große schwarze Wolke aus dem Auspuff!«, wurde ich einmal von einer aufgeregten Familie begrüßt. Der Volvo stand auf dem Parkplatz der Sommerrodelbahn am Alpsee. »Ich bin dreißigzwölf Mal auf der Bahn gewesen«, erzählte mir der Kleinste und wollte dann von mir wissen: »Und du?«
Als ich zugab, noch nie sommergerodelt zu sein, entspannte sich die Stimmung. Wenn ich gelassen mit dem Kleinen plauderte, würde das Auto wohl nicht explodieren. Die schwarze Wolke war keine Ankündigung drohenden Unheils.
»Sie sind ja einige Kilometer hierher gefahren«, stellte ich mit einem Blick auf das Nummernschild fest. »Da ist eine solche schwarze Wolke ganz normal. In der Stadt hat Ihr Auto dicht gehalten und Ruß gesammelt. Den hat es nun in der Landluft herausgeseufzt.«
»O ne, das geht ja gar nicht«, empörte sich die Frau.
»Doch, das geht.«

Wenn man heute auf der Autobahn vor sich einen Wagen sieht, aus dessen Auspuff schwarze Wolken entweichen, kann man nicht mehr kurzerhand auf einen bevorstehenden Motorschaden schließen. Entweder ist der Turbolader defekt, dann wird der Fahrer gleich rechts ranfahren, da der Wagen keine Leistung mehr bringt. Oder er fährt fröhlich und erleichtert weiter, weil er prima Leistung hat: Soeben hat das Fahrzeug den im Kurzstreckenbetrieb angesammelten Ruß im Auspuff verklappt. Das kann bei allen Dieselfahrzeugen passieren, die keinen Feinstaubfilter besitzen.

Katalysatoren

Auch ein Katalysator soll die Umwelt schonen. Mit seiner Hilfe werden beim Ottomotor Kohlenwasserstoffe, Kohlenmonoxid, ein Teil der Stickoxide in Stickstoff, CO_2 und Wasser umgewandelt. Beim Dieselkatalysator kann diesem Umwandlungsprozess mit der Einspritzung flüssigen Harnstoffs in den Auspuff nachgeholfen werden, also dem bereits erwähnten AdBlue.
Aber der beginnt erst nach der Warmlaufphase mit der Umwandlung der Abgase. Wer also nur kurz fährt, dessen Kat bringt in erster Linie Steuervorteile. Heute sind alle Benziner und Diesel mit Katalysatoren ausgestattet. Ein Allheilmittel sind sie wahrlich nicht. Damit die Katalysatoren nicht kaputtgehen, wurde endlich der Schwefel aus dem Kraftstoff genommen, und in der Folge ließ auch der saure Regen nach. Stickoxide werden vom Katalysator reduziert, dafür gibt's mehr CO_2.

Abgasrückführventil

Da staunt die Automechanikerin: Erst wird ein hoch verdichteter Motor gebaut, dann versucht man, seine Leistung wieder zu mindern, um die Verbrennungstemperatur im Motor zu senken und die Stickoxide zu verringern. Dazu wird ein Teil der Abgase zurückgeleitet und noch mal mit angesaugt. Das Abgasrückführventil regelt die Menge und den Zeitpunkt. Es ist ein unscheinbares Teil, mit dem fast jeder Fahrer eines damit ausgerüsteten Autos früher oder später Bekanntschaft macht. Diese Ventile verrußen häufig, weil sie nicht für den Dauereinsatz im Stadtverkehr und für die vernünftige Fahrweise der Besitzer vorgesehen sind. Die Folge: Wenn das Auto überhaupt noch läuft, dann erbärmlich und kraftlos.

Umweltfreunde

Seit es Abgasreinigungen gibt, gibt es auch Probleme, die es vorher nicht gab. Abgase gibt es trotzdem noch. Manche mehr, andere weniger. Zum Beispiel CO_2, den Klimakiller, der keiner ist, weil er die Wälder wachsen lässt, von denen wir noch vor nicht allzu langer Zeit glaubten, sie würden sterben. Leider trägt CO_2 in den großen Mengen, in denen unsere Autos und viele pupsende Kühe – um nur zwei der Übeltäter zu nennen – es produzieren, zur Erwärmung der Atmosphäre bei. Aus der Sorge, es könnte alles so schrecklich werden, wie manche prophezeien, werden Anstrengungen unternommen, das Schlimme zumindest gefühlt weniger schlimm zu machen. Zum Beispiel das Autofahren.
Was kann man tun, um weniger CO_2 und weniger andere Abgase zu produzieren? Die Antwort ist einfach: weniger Auto fahren. Wer nicht fährt, produziert auch keinen Dreck. Sobald man fährt, gehen die Kompromisse los, von denen viele so faul sind, wie manche kränkelnde Katalysatoren riechen.
Interessanterweise werden in den letzten Jahren immer mehr Autos mit größerer Motorisierung verkauft. Es ist toll, so ein Stadtförsterauto zu besitzen. Und heutzutage ist das doch gar kein Problem. Das ist alles sauber durch den Rußpartikelfilter oder mehrere Katalysatoren und Abgasnachverbrennung. Außerdem hab ich eine grüne Plakette, mein Gewissen ist A+++ rein. Und was sind schon 9 Liter auf 100 Kilometer? Wenn man das mal mit so einem Porsche Cayenne, Mercedes ML, Audi Q8 und BMW X6 vergleicht, fällt das doch gar nicht ins Gewicht …

»Also unser Hummer ist echt super, ich liebe dieses Auto!«, seufzte die Hotelbesitzerin aus tiefstem Herzen, während ich dabei war, den Motorraum zu erklimmen, um die Starthilfekabel anzuklemmen. »Er verbraucht auch gar nicht so viel. Wenn ich

höre, was die Wagen unserer Gäste so schlucken, ist das ganz moderat.«
»Wie viel ist denn moderat?«, fragte ich, mich an den Starthilfekabeln abseilend.
»Ja, so um die zwanzig Liter, wenn man gemäßigt fährt. Wir sind ja nicht im Gelände damit.«
Es ist eben alles relativ.

Kraftstoff sparen

Motoren mit großem Lungenvolumen verbrauchen mehr Kraftstoff als kleine. Wer viel Luft ansaugt, stößt viel Abgas aus.
Das Gewicht des Fahrzeugs spielt auch eine Rolle, so dass die Hersteller gerne auf ein Ersatzrad verzichten, um den Verbrauch in den gewünschten Bereich zu drücken. Und natürlich kann er durch die Fahrweise gedrosselt werden. Was das betrifft, erzählen mir gerade Besitzer von Autos mit großvolumigen Motoren oft stolz, wie sie den Kraftstoffverbrauch durch ihre Fahrweise mindern. So sieht sportliches Fahren 2012 aus.
Im mittleren und unteren Drehzahlbereich kann bei jedem Auto der optimale Bereich erkundet werden, wo Verbrauch und Leistung am besten zusammenpassen. Also im höchstmöglichen Gang fahren – das spart 1 Liter auf 100 Kilometer.
Sparsam fahren heißt: Wenig beschleunigen, wenig bremsen, dahinrollen wie der Interregio und beim langsamen Abbremsen die Motorbremse nutzen, also mit eingelegtem Gang ohne Gas rollen. Alle zeitgenössischen Motoren haben eine Schubabschaltung, die in dieser Situation die Kraftstoffeinspritzung komplett abschaltet. Der Verbrauch beträgt null Liter. Beim Auskuppeln steigt er wieder auf Leerlaufverbrauch an.
Viele Fahrzeuge sind inzwischen mit einer digitalen Verbrauchsan-

zeige ausgestattet, die aufgrund der Gaspedalstellung errechnet, wie hoch in diesem Moment der Verbrauch auf 100 Kilometer umgerechnet wäre. So kann man seine persönliche Fahrweise dem gewünschten Verbrauch anpassen und täglich neue Rekorde aufstellen.

Korrekter Reifendruck

Zu wenig Luft bedeutet einen erhöhten Rollwiderstand und kostet Sprit.

Dachaufbauten

Dachgepäckträger erhöhen den Verbrauch, weil der Luftwiderstand steigt. Besser oben ohne! Mehrverbrauch durch eine Dachbox: mindestens 2 Liter auf 100 Kilometer.

Blinde Passagiere

Wie viele Kilo fahren Sie in Ihrem Kofferraum spazieren? Manche Menschen fahren ihre vollen Getränkekästen von Dienstag bis Samstag durch die Gegend. Auch das kostet Sprit.

Klimaanlage

Eine eingeschaltete Klimaanlage kann den Spritverbrauch um 1 bis 2 Liter je 100 Kilometer erhöhen.

Elektrische Verbraucher

Sie beziehen alle Strom aus der Batterie. Diese wird von der Lichtmaschine nachgeladen, die über den Keilriemen vom Motor angetrieben wird. Je mehr Strom produziert wird, desto mehr Kraftstoff wird verbraucht. Alle nicht lebenswichtigen Funktionen wie Sitz-, Front- und Heckscheibenheizung oder leistungsstarke Musikanlagen erhöhen den Kraftstoffverbrauch. Ihr planvolles Ein- und Ausschalten zeigt sich auf der Tankquittung.

Was verbraucht wie viel?

Ein elektrischer Verbraucher, der eine Leistung von 100 Watt aufnimmt, verursacht im Dauerbetrieb circa 0,1 Liter Mehrverbrauch auf 100 Kilometer.

Elektrischer Verbraucher	Leistung in Watt	Mehrverbrauch je 100 km in Liter
Abblendlicht	125	0,12
Nebelscheinwerfer	110	0,11
Nebelschlussleuchte	53	0,05
Fernlicht	120	0,12
Tagfahrlicht	46	0,05
Tagfahrlicht LED	8	0,01
Navigation	15	0,02
Radio	21	0,02
Hi-Fi-Verstärker	bis zu 400	0,4
Mobiltelefon	4	–
iPod	2	–
Sitzheizung pro Sitz	102	0,1
Klimaanlage ohne Kompressor	51	0,05
Lüftung je nach Stufe	51–310	0,3
Scheibenwischer je nach Stufe	80–140	0,14
Frontscheibenheizung	540	0,54
Heckscheibenheizung	185	0,18
Beheizte Außenspiegel	40	0,04
Zusatzstandheizung	45–110	0,11
Heckscheibenwischer	30–55	0,05
Scheiben- und Scheinwerferreinigung	50–100	0,1
Lenkradheizung	50	0,05
Kühlbox	55	0,05

Rasende Rebellen

Wir sind die Letzten ohne. Ganz Europa ist bereits fest in seinem Griff, nur mittendrin, umzingelt von allen anderen längst Unterworfenen, leistet ein rebellisches Volk erbitterten Widerstand. Immerhin haben ja wir das Auto erfunden!

Aber Brüssel kennt keine Gnade. Das Tempolimit wird auch uns ereilen. Durch ein Tempolimit wäre der böse CO_2-Ausstoß mit geringem Kostenaufwand sofort reduziert.

Gäbe es keine Gelegenheit zum Rasen, wäre ein Downsizing die direkte Folge: Motoren würden nicht mehr auf Höchstgeschwindigkeit ausgelegt, damit sparsamer, und die eben genannten Anstrengungen zur Abgasverbesserung wären zum Teil überflüssig. Sogar die Bahn könnte vielleicht konkurrenzfähiger werden, und viele Staus würden sich in saubere Luft auflösen. Es gäbe circa 200 Unfalltote weniger jedes Jahr.

Das Leben wäre aber auch weniger schön. Vernunft und Auto fahren passen nicht zusammen. Und deshalb gibt es viele Versuche, sich aus dem Dilemma zu mogeln.

Während sich in den 1970er Jahren in Anbetracht der Ölkrise alles um den absoluten Kraftstoffverbrauch drehte, geht es heute mehr darum, was hinten rauskommt. Der Diesel, der, als lahmer Bauernbenz stinkend und ewig vor sich hin glühend, ein Nischendasein führte, erlebt seit den 1980er Jahren einen Boom. Es begann mit dem Golf, der als erster Pkw für Nichtlandwirte auf den Markt gebracht wurde. Durch den Einsatz von Turboladern gelang es dann schnell, den Diesel aus der unsportlichen Ecke zu boxen. Der geringe Kraftstoffverbrauch, das durchzugstarke Drehmoment und die traumhaft günstigen Preise für Dieselkraftstoff machten ihn zu einem Renner. Bis es Ärger gab, weil er rußte und weil die Hersteller sich weigerten, etwas dagegen zu unternehmen. Obwohl sie es gekonnt hätten. Mit dem Smog kam der Be-

griff des Feinstaubs, und seitdem ist der Diesel ein Gehetzter, der auch noch mit Strafsteuern und angehobenen Kraftstoffpreisen gejagt wird.
Im Moment dreht sich alles um die Abgase beziehungsweise um einige wenige Auserkorene. CO_2 und Feinstaub heißen zurzeit die Feinde der Autofreunde und Rinderzüchter.

Pech und Schwefel

Durch die Einführung der Umweltplaketten und der stufenweisen Einführung von Umweltzonen in den Innenstädten werden immer mehr alte Autos zu Aussätzigen. Dass die erhoffte Verbesserung der Luftqualität nicht erreicht wird, wussten Fachleute schon vorher. Die massenhafte Keulung von Autos durch die Abwrackprämie bescherte vielen, die es sich leisten konnten, ein neues Gefährt, das auch von jenen Steuerzahlern mitfinanziert wurde, die selbst nicht in den Genuss der Prämie kamen. Man muss auch anderen mal was gönnen können. Schön für die Beschenkten, schön für die Automobilbranche, schön für die Umwelt. Vielleicht … denn die Produktion von Neuwagen ist leider auch nicht gerade energiesparend und schadstofffrei.
Mit verschiedenen Methoden versuchen die Hersteller nun, den Schadstoffausstoß zu verringern. Unter anderem wegen der Folgen des sauren Regens, der den Wäldern ziemlich zusetzte, wurde der teuflische Schwefel aus dem Kraftstoff verbannt. Auch das giftige Blei wurde inzwischen unter Protest entfernt. Viele befürchteten, ohne diesen Schmierstoff würden die Motoren Schaden nehmen. Man kennt so etwas aus der jüngsten E10-Diskussion.
Immerhin wurde der Einsatz des Katalysators so erst möglich – er mag kein Blei. Der Katalysator wandelt die Abgase des Benzinmotors so um, dass vor allem die hässlichen Stickoxide zu Stick-

stoff, Kohlenmonoxid und unverbrannte Kohlenwasserstoffe zu Kohlendioxid und Wasser werden. Deshalb tropft es aus dem Auspuff. Bei allen Umwandlungen entsteht CO_2. Das ist der Pferdefuß, denn hier gilt wieder: Wer viel fährt, produziert viel. Grüne Plakette hin oder her. Dass der Kat selber hochgiftige, krebserregende Stoffe enthält und an die Umwelt abgibt, wird gerne vergessen. Wer möchte sein gutes Gewissen schon mit platinorganischen Verbindungen belasten?

Ablass, lass ab

Damit die Autofahrer ihr Gewissen selbst nachjustieren können, werden auf dem Zubehörmarkt erstaunliche Dinge angeboten. Da kann man Tabletten für seinen Liebling kaufen, die in den Tank geworfen werden, um den Kraftstoffverbrauch zu senken. Es werden auch Motoradditive angeboten, die, dem Öl zugesetzt, zu weniger Kraftstoffverbrauch führen sollen. Und für alle, die wissen, dass die technischen Grenzen ausgereizt sind, bietet der esoterische Zubehörhandel Permanentmagneten an, die an die Kraftstoffleitungen geklemmt werden, um Benzin und Diesel wohlgesinnt zu stimmen.

Wer für solche Angebote kein Geld ausgeben möchte, kann es mit einer Verbesserung der feinstofflichen Energien seines Autowesens probieren. Hierzu müssen die vorgeburtlichen Zellinformationen des Autos, das schon bei seiner Produktion am Fließband Schlimmes erlebt hat, wie man sich leicht vorstellen kann, in liebevolle, den Interessen des Besitzers entsprechende Kräfte transformiert werden. Recht haben die spirituellen Fachleute in dem Punkt, dass man sich seiner Beziehung zum Auto bewusst sein soll. Auch ich plädiere für einen achtsamen und respektvollen Umgang mit dem Auto und der Welt, in der es lebt.

»Ich finde, auch ein Auto ist ein Wesen«, sagte die höchstens dreißigjährige Frau, deren rote Locken durch ein breites Stirnband gebändigt wurden. Sie sah gesund aus und frisch. Ganz anders als ihr RAV 4. Was mir Frau Gaul auch gleich erklärte. »Heute mag er nicht. Schlechte Energien oder so.«
»Wie äußert sich das denn?«, fragte ich neugierig.
»Er springt nicht an.«
Ich stieg in den blauen Toyota. Als ich die Zündung einschaltete, fielen mir seltsame Zeichen auf dem Armaturenbrett auf. Auch auf dem Rückspiegel entdeckte ich etwas Ungewöhnliches. Ein Kreis, eine Spirale? Immerhin sah man noch ein bisschen Verkehr. Ruhig flossen die Fahrzeuge an der Hauptstraße in Oy-Mittelberg an uns vorbei.
Ich startete. Der Anlasser drehte kräftig, doch der Wagen sprang nicht an. Zwischen den mir unbekannten Zeichen entdeckte ich ein mir vertrautes: die Wegfahrsperrenkontrollleuchte.
»Sind Sie mit diesem Schlüssel hergefahren?«, erkundigte ich mich.
»Ja, natürlich. Ich war nur kurz in der Bank.« Frau Gaul deutete zur Sparkasse an der Ecke. »Aber mein Karma ist heute schlecht. Der Automat war kaputt.«
Ich schaute mich um. Wir waren umzingelt von einer Kirche, einer Apotheke und einem Restaurant.
»Parken Sie öfter hier?«, fragte ich.
»Nein. Das ist das erste Mal.«
»Es könnte sein, dass sich die Wegfahrsperre aufgehängt hat.«
»Wieso denn das?«
»Wegen elektromagnetischer Strahlung, die hier vielleicht besonders stark ist.«
»Das habe ich schon gemerkt, als ich die Bank betrat. Da wusste

ich gleich, das geht nicht gut. Und dann habe ich ja auch kein Geld gekriegt. Mein Horoskop von Madame Etoile hat wieder mal recht. Ich wäre am besten daheimgeblieben. Bleiben Sie zu Hause und machen Sie nur das Nötigste.«

»Na ja«, wandte ich ein, »Geld braucht man schon gelegentlich.«

»Leider«, seufzte Frau Gaul. Prüfend musterte sie mich. »Und Sie meinen also, dass dieser Platz hier energetisch negativ ist, ja?«

»Ich sage nur, dass es sein könnte, dass Ihre Wegfahrsperre wegen elektromagnetischer Störfelder nicht funktioniert.«

»Ja, ja. Das meine ich doch auch.«

Ich war nicht sicher, ob Frau Gaul und ich über dasselbe Thema sprachen, und zog den Zündschlüssel ab.

»Was bedeuten eigentlich diese Zeichen hier?«, fragte ich und wies auf das Armaturenbrett und den Schaltknüppel, wo eine Art Tunnel mit Antenne abgebildet war.

»Sie erinnern mich daran, dass mein Auto nicht nur ein Transportmittel ist, sondern mich zu Orten bringt, die wichtig für mich und mein Wachstum sind. Sie mahnen zur Achtsamkeit gegenüber dem Fahrzeug. Ich beschimpfe es nicht, wenn es mal eine Macke hat, und wenn ich wo ankomme, bedanke ich mich.«

»Das mache ich auch manchmal, wenn ich durch den Nebel sicher nach Hause gekommen oder unbeschadet über eine Eisplatte gerutscht bin.«

»Sehen Sie!«, rief Frau Gaul.

Ich öffnete die Motorhaube für einen Batterie-Reset. Und dann staunte ich. So was hatte ich noch nie gesehen. Der Motorraum war übersät mit bunten Aufklebern voll verschiedener geheimnisvoller Zeichen.

Frau Gaul bemerkte meinen Blick. »Der Motor ist der Tempel des Chi«, erklärte sie mir. »Hier habe ich Menasse angebracht. Als Energieverstärker.«

»Menasse«, wiederholte ich.

»Klar! Während es bei der Batterie ja um etwas anderes geht.«
Ich schaute auf das Symbol einer Straßenkreuzung mit Punkten.
»Ketos optimiert die Energie. Wichtig für eine Batterie.«
»Logisch«, nickte ich und sah mir die Zeichen etwas genauer an. Sie waren nicht willkürlich irgendwo hingeklebt, wo Platz war. Ich fand sie an der Benzinleitung, an der Lichtmaschine und auf der Zündspule. Also an den Orten, die für den Energiehaushalt des Autos zuständig waren.
»Haben Sie die hierhin geklebt?«
»Ja.«
»Also kennen Sie sich mit Autos aus?«
»Ich habe mich eingelesen und ein Seminar besucht.«
»Machen Sie auch kleinere Servicearbeiten?«, fragte ich erfreut. Immer seltener begegnen mir Menschen, die Pannenkurse besuchen und sich so intensiv um ihre Autos kümmern.
»Sicher. Ich überprüfe das Energielevel regelmäßig und sorge für einen guten Ausgleich.«
Ein wenig enttäuscht dämmerte es mir, dass Frau Gaul etwas ganz anderes unter Wartungsarbeiten verstand als ich.
Leider führte der Batterie-Reset nicht zu dem gewünschten Erfolg. »Das Störfeld ist zu stark«, übersetzte ich für Frau Gaul. »Was halten Sie davon, wenn ich Sie ein paar hundert Meter wegschleppe? Erfahrungsgemäß funktioniert es dann wieder.«
»Selbstverständlich!«, willigte sie ein und verlangte keine Erklärung über Störfelder von mir. Bei anderen Pannen dauert diese Erklärung oft länger als die ganze Panne.

Vor allem in der Nähe von Flughäfen, Fernsehanstalten, Apotheken, Banken, Baukränen und Wirtshäusern mit sehr starken Registrierkassen treten häufig Störungen bei funkgesteuerten Zentralverriegelungen und Wegfahrsperren auf. Der Grund dafür ist, dass die Kommunikation zwischen einer Funksendeeinheit außerhalb, also dem Schlüssel, und einer Funkempfangseinheit innerhalb des Fahrzeuges beeinträchtigt oder unterbrochen wird. So wird Elektrosmog sichtbar. Meist kann dadurch Abhilfe geschaffen werden, dass man das Fahrzeug aus dem Störbereich schleppt. Und so war es auch bei Frau Gaul.

Zum Abschied warnte ich sie noch vor. »Solche Störfelder treten immer wieder auf, da kann man nichts machen.«

»O doch!«, widersprach sie und zeigte auf einen Smiley mit Nasenring am Armaturenbrett. »Plem bewirkt, dass die Energiefelder stabil bleiben.«

»Vielleicht sollten Sie zwei davon nehmen?«, rutschte mir spontan heraus.

Frau Gaul lachte herzlich. »Warum nicht? Aber da würde ich vorher den optimalen Ort auspendeln. Das folgt alles einer höheren Ordnung. Viel hilft nicht automatisch viel. Es ist eine Frage der Balance. Und dazu braucht es Achtsamkeit.«

Als sie wegfuhr, waren wir energetisch beide sehr angeregt.

ROLLEN & RUTSCHEN: RÄDER UND REIFEN

Allzeit gut geerdet: Sommer-, Winter-, Ganzjahresreifen

Für jedes Auto gibt es freigegebene Reifengrößen, die es fahren darf; sie sind im Fahrzeugschein vermerkt, wenn auch nicht unbedingt alle zugelassenen Größen. Auf den Reifen steht ebenfalls eine Bezeichnung, die mit der im Schein übereinstimmen sollte, ansonsten erlischt die Zulassung des Wagens, was bei einem Unfall trotz guter Haftung der Reifen zum Haftungsausschluss der Versicherung führen kann.

Es gibt Sommer-, Winter- und Ganzjahresreifen. Der Gesetzgeber verlangt, dass jedes Fahrzeug den Witterungsverhältnissen entsprechend ausgerüstet ist. Nicht vorgeschrieben ist die Reifenmarke oder dass alle vier Sommer- oder Winterräder sein müssen. Schwarz und rund heißt die Devise.

Man kann also auch mit drei Winter- und einem Sommerreifen unterwegs sein. Reifenhändler werden Ihnen erklären, warum Sie

Abb. 42: Reifenbezeichnung

das nicht tun sollten, warum Sie auf einer Achse die gleichen Reifen fahren und sie stets paarweise tauschen müssen. Sie sind jedoch nicht dazu verpflichtet. Es kann sich allerdings unangenehm auswirken, wenn das Profil der Reifen auf einer Achse unterschiedlich abgenutzt ist. Das merkt man beim Fahren und Lenken – also gönnen Sie sich und Ihrem treuen Begleiter solides Schuhwerk.

Wenn das Auto bei jedem Wetter bewegt wird, rate ich zu Sommer- und Winterreifen. Sie unterscheiden sich nicht nur im Profil, sondern vor allem in der Zusammensetzung der Gummimischung. Sommerreifen weisen eine gute Haftung und Bremswirkung bei warmen Temperaturen über 8 Grad Celsius auf und verschleißen auch im Hochsommer nicht so sehr. Dafür werden sie bei niedrigen Temperaturen hart und rutschig.

Winterreifen blühen ab unter 8 Grad Celsius erst richtig auf und entfalten ihre volle Elastizität in der Kälte. Ihnen machen Matsch und Schnee richtig Spaß, denn sie haben jede Menge Lamellen und grobe Profilblöcke, mit denen sie versuchen, in die Straße zu beißen. Wird es warm, erschlaffen sie, ihre Lebensfreude ist dahin, und sie verschleißen auf wenigen Kilometern, ungefähr wie ein Radiergummi im Dauereinsatz beim Um-die-Ecke-Denken im *ZEIT*-Rätsel.

Wer jetzt meint: »Ich fahre meine alten Winterreifen diesen Sommer noch ab, für den nächsten Winter taugen sie eh nichts mehr«, der sollte bedenken, dass der Bremsweg von Winterpneus im Sommer sehr viel länger ist. Das ist auch das Problem der Ganzjahresreifen, die sich immer größerer Beliebtheit erfreuen und die einem vorgaukeln, sie hätten das Gummi neu erfunden. In Deutschland wohnt man schließlich in einer gemäßigten Klimazone – da reicht doch ein Set Reifen! Ja, eigentlich schon, doch Ganzjahresreifen sind eigentlich Winterreifen, und entsprechend lang ist ihr Bremsweg im Sommer.

Winter- und Sommerreifen sind auf den ersten Blick kaum voneinander zu unterscheiden in ihrem tristen Einheitsschwarz. Auf den Winterreifen steht entweder *Winter* oder *M und S*, oder es ist eine Schneeflocke darauf abgebildet. Die beiden letztgenannten Zeichen sind nicht verbindlich genormt. Wer bei der Werkstatt seines Vertrauens kauft, wird sicher Winterreifen bekommen, in denen auch Wintertauglichkeit steckt.
Jahr für Jahr werden die neuen Reifenmodelle aufwendigen Praxistests unterzogen. Die Ergebnisse können in der Mitgliederzeitschrift des ADAC und im Internet nachgelesen werden.
Da die Reifen alle gleich aussehen und das manchen Menschen, die sich gern in Markenwelten aufhalten, nicht individuell genug ist, um ihrer Persönlichkeit Ausdruck zu verleihen, gibt es Felgen. Es wird sogar die schönste Felge des Jahres gekürt, und manche Leute bekommen glänzende Augen, wenn sie die sinnliche Ästhetik einer Alufelge preisen, die womöglich sogar ein angebeteter Felgendesigner kreiert hat. Das ist alles eine Frage des Geldbeutels und Geschmacks, die mit Sicherheit nichts zu tun hat.

Eine Frage der Haftung

Stellen Sie sich Ihr Auto einmal vor. Es wiegt vielleicht zwei Tonnen. Dieses Gewicht ist auf vier Mal eine Handfläche Bodenkontakt verteilt. Das ist ziemlich wenig, bedenkt man, mit welchen Geschwindigkeiten wir gelegentlich unterwegs sind und welche Massen wir bei einer Vollbremsung anhalten wollen. Da kann man nur hoffen und wünschen, dass die vier eine hervorragende Bodenhaftung aufweisen. Auch in Kurven, auf herbstlichem Laub, bei Regen und Schnee.
Bei Glatteis nutzt der beste Reifen nichts. Wo keine Haftung mehr ist, helfen auch kein Allrad, ABS und ESP.

Deshalb sieht man an solchen Tagen besonders viele Geländewagen im Graben. Ihre Besitzer lernten eindrücklich, dass auf der Eisplatte alle Menschen gleich sind und sie mit diesem Auto eben keine Lizenz zur ewigen Bodenhaftung erworben haben. Aber jede Eisplatte hat einmal ein Ende, und wenn sie die unbeschadet erreichen, sind die Fahrer und Fahrerinnen mit ABS und ESP nicht nur guter Hoffnung, sondern auch im Vorteil, und natürlich kommt ein Allrad auf winterlicher Straße vor allem bergauf besser voran. Andere müssen dann ihren Liebling in Ketten legen, damit er nicht weiter durchdreht.

Das Auto in Ketten legen

Im Winter besteht auf vielen Passstraßen je nach Witterung Schneekettenpflicht. Wer nach Österreich einreist, muss Schneeketten mitführen. Es genügt ein Paar Ketten für die beiden Antriebsräder, meistens sind dies die vorderen. Man kann Ketten entweder bei seinem Automobilclub ausleihen oder im Zubehörhandel erwerben zu Preisen zwischen circa 20 und 200 Euro. Teurere Schneeketten sind bei Fahrzeugen mit engem Radlauf leichter zu montieren oder schonen die schönen Alufelgen.

Aber auch mit Ketten kommt man nicht überallhin. Die Bodenfreiheit des Fahrzeugs und die Schneehöhe müssen in einem günstigen Verhältnis zueinander stehen. Sobald der Wagen aufsetzt, hilft auch die schönste Kette nichts mehr. Bis dahin aber kommt man mit Ketten recht gut voran.

Aufgrund meiner winterlichen Beobachtungen kann ich wärmstens empfehlen, die Montage der Schneeketten bei schönem Wetter zu üben. Sie ist eigentlich recht einfach, denn die Ketten sind so konstruiert, dass man lediglich die farbigen Teile mit wenigen Handgriffen zusammenfügen muss. Die Kette wird am Boden ausgebreitet. Dann wird die eine Hälfte innen am Rad entlanggeführt, hervorgezogen und mit dem anderen Ende oben auf dem Reifen zusammengesteckt.

Abb. 43: Schneekette am Boden innen um das Rad legen

Nun wird der gelb-blaue Ring auf die Innenseite des Reifens geschoben und das lose blaue Kettenende in den roten Haken eingehängt.

Abb. 44: Ring zusammenstecken (1) und roten Haken einhängen (2)

Die lange gelbe Kette wird vorne unten am Reifen auf der Außenseite in die gelbe Rolle eingefädelt, festgezogen, durch die gelben Ringe geführt und so stramm gespannt, dass man den Haken am gegenüberliegenden Ende irgendwo einhängen kann. Wer geübt ist, schafft das in zwei Minuten.

Abb. 45: Schneeketten

Nachdem beide Ketten montiert sind, fährt man den Wagen einige Meter vor und spannt die Ketten dann nach.
Aufgrund der gleichen winterlichen Beobachtungen rate ich, auf schneeglatter Straße die Kette nicht erst dann zu montieren, wenn gar nichts mehr geht. Es macht viel mehr Spaß, Schneeketten auf festem Untergrund zu montieren, als wenn man sich bereits im Schnee festgefahren hat. Diese Situation vereitelt das Erfolgserlebnis. Unschön. Kalte Finger und nasse Hosen lassen sich leider in keinem Fall vermeiden.
Mit Ketten fährt man nur auf schneebedeckter Fahrbahn. Sobald der Asphalt sichtbar ist, sollte man die Ketten abnehmen. Dabei

halten Sie den Wagen so an, dass der rote Haken der Schneekette ungefähr auf 12 Uhr steht. Dann öffnen Sie in umgekehrter Reihenfolge alle Verschlüsse und legen die Kette so auf den Boden, dass Sie anschließend darüberfahren können, ohne die gelbe Rolle platt zu fahren.
Es kann sein, dass das gegenüberliegende Rad in einer anderen Position steht, also fahren Sie den Wagen so weit vor, dass auch hier der rote Haken auf 12 Uhr steht, und entfernen die Kette. Nun müssen Sie nur noch einen halben Meter vorfahren, dann können Sie die Ketten unter dem Wagen hervorziehen.
Natürlich gibt es verschiedene Farbvariationen der Kettenteile, aber das Prinzip ist immer gleich.

Das Rad der Gerüchte

Was die Bereifung angeht, kursieren viele Gerüchte, was erlaubt und was richtig sein soll. Der Gesetzgeber lässt hier überraschend viel Spielraum:
Das Mindestprofil eines Reifens sollte 1,5 Millimeter betragen. Das ist verschwindend wenig, und ich rate dringend dazu, die Reifen vorher zu wechseln. Tests auf regennasser Fahrbahn haben gezeigt, dass die Fähigkeit, das Wasser durch die Rillen im Profil zu verdrängen, bereits ab 4 Millimetern deutlich nachlässt, so dass es schnell zum Aquaplaning kommt, und das ist nicht nur unangenehm, sondern auch gefährlich.
Die Profiltiefe wird auf der Lauffläche des Reifens geprüft. Man kann mit einem Zollstock oder Lineal messen oder mit einem Schraubenzieher oder Teelöffel und das Maß anschließend an einem Zollstock anlegen.
Mit Streichhölzern lässt sich ebenfalls gut messen: Ihr dunkler Kopf entspricht den gesetzlich vorgeschriebenen 1,5 Millimetern.

Abb. 46: Profiltiefe

Für Nichtraucher: der Rand der Euromünze. Doch auch, wenn das Profil noch in Ordnung ist: Sollte das Gummi des Reifens porös sein, gehört er entsorgt. Gummi altert nun mal im Lauf der Zeit.

Wenn Sie das Alter eines Reifens wissen wollen, können Sie das an der DOT-Nummer erkennen, die als vierstellige Ziffernfolge auf einer Reifenflanke aufgebracht ist. Die ersten beiden Ziffern geben die Kalenderwoche des Herstellungsjahres an, die letzten beiden die Jahreszahl dieses Jahrtausends. Beispiel: 3905.

Nach spätestens 10 Jahren verlieren Reifen ihre guten Eigenschaften, vermutlich schon früher. Deshalb dürfen sie nach 5 Jahren Lagerung nicht mehr als Neureifen verkauft werden. Campingfreunde, die einen Wohnanhänger besitzen, kennen das Problem. Lange Standzeiten, super Profil. Auf der Reise gen Süden platzen dann kurz nacheinander beide Reifen des Anhängers. Wer im Besitz einer 100-km/h-Erlaubnis für seinen Anhänger ist, darf nur mit Reifen unterwegs sein, die jünger als 6 Jahre sind, oder lediglich 80 Stundenkilometer fahren.

Frau Antje und das Rad

Auf dem Seitenstreifen der Autobahn kurz vor Füssen stand ein holländisches Wohnwagengespann. Von weitem sah ich eine Frau in buntem Sommerkleid, die dabei war, ihren Wohnwagen aufzubocken. Obwohl ich eigentlich unterwegs zu einer anderen Panne war, hielt ich an, sicherte die Pannenstelle ab und ging zu der Frau. Ihr Bauch wurde immer runder, je näher ich kam. Sie war hochschwanger, und ich war froh, dass ich angehalten hatte.

»Kann ich Ihnen helfen?«

»Danke, nein. Geht schon«, lehnte sie ab mit diesem schönen Frau-Antje-Akzent aus der Käsewerbung.

Ich staunte aus mehreren Gründen. Erstens eine Frau allein mit Wohnwagen, zweitens dass sie als Schwangere einen Reifen wechseln wollte und drittens dabei einen so unbeschwerten Eindruck machte. Im Kleid hatte ich das auch noch nie probiert.

»Also wollen Sie vielleicht … nicht dass da was passiert, ich meine … weil sie doch …«, stotterte ich unbeholfen herum.

Sie lachte. »Ich bin schwanger, nicht krank.«

»Ja … aber …«, versuchte ich es noch einmal und merkte, dass ich sie einerseits bewunderte, andererseits Angst hatte, womöglich Geburtshilfe leisten zu müssen, wenn sie sich überanstrengte. Und dann würde ich mich überanstrengen.

Ich versuchte es mit einem Trick. »Sie werden ja ganz schmutzig. Zum Schluss sehen Sie aus wie ich.« Ich wies auf meinen Overall. Sie musterte mich gründlich. Von oben bis unten. Dann nahm sie mein Angebot an. Gemeinsam wechselten wir das Rad, und dann konnte sie ihre Fahrt und Schwangerschaft rund fortsetzen.

Reifen verlieren manchmal etwas Luft. Das kann am Ventil liegen oder am Alter, jedenfalls sollte man gelegentlich die Luftmenge prüfen. Dies gehört zwar auch zum Kundendienst, doch ein 30 000-km-Intervall ist zu lang. Außerdem kann es ja bei jeder Umdrehung passieren, dass sie sich was eintreten. Nägel, Scherben – auf den Straßen lauern allerlei Gefahren.

Fahren ohne Luft zerstört die Karkasse des Reifens. Ein kleines Loch kann so perfekt geflickt werden, dass man keinen neuen Reifen benötigt, vorausgesetzt, man hat ihn vorher nicht schon zuschanden gefahren.

Zum Luftprüfen muss als Erstes die schwarze Staubkappe vom Ventil abgeschraubt werden. Oft stören die Zierblenden aus Plastik, mit denen alle, die sich keine Alufelgen leisten wollen oder können, bestraft werden. Vom Radkäppchen des Jahres ist mir nichts bekannt. Viele sind schlichtweg unpraktisch und müssen beim Luftprüfen abmontiert werden.

Abb. 47: Radkäppchen entfernen

Mit einem Schraubenzieher fährt man dazu zwischen Plastik und Felge. Eventuell benötigt man einen zweiten Schraubenzieher, der etwas weiter versetzt zum Hebeln verwendet wird.
Manchmal fliegt einem Radkäppchen auch stürmisch entgegen. Ob es gelingt, sie später wieder zu befestigen, ist eine andere Sache. Deshalb ersparen Sie sich den näheren Kontakt mit dem Plastikteller, wenn es nur irgend geht. Um die Zierblende nach dem Luftprüfen wieder zu montieren, muss man sie mit dem Spannring so auf der Felge einfädeln, dass die Aussparung für das Ventil an der richtigen Stelle sitzt.

Abb. 48: Ventilaussparung Radkäppchen

Dann wird Radkäppchen mit zunehmender Gewalt entschieden auf die Felge gezwungen. Da der Spannring federnd gelagert ist, muss zum Schluss kräftig gegen die Radkappe geschlagen oder getreten werden. Entweder fügt sie sich ihrem Schicksal, oder sie springt ab, oder sie bekommt aus Trotz einen Riss. Bei zickigen Zierblenden muss man mit allem rechnen.

Beim Luftdruckprüfen wird der Aufsatz des Gerätes auf das Ventil gedrückt, bis es aufhört zu zischen und der Zeiger im Display den Druck anzeigt, 2 Bar zum Beispiel. Mit welchem Druck der Reifen befüllt sein soll, steht im Tankdeckel oder in der Fahrertür.

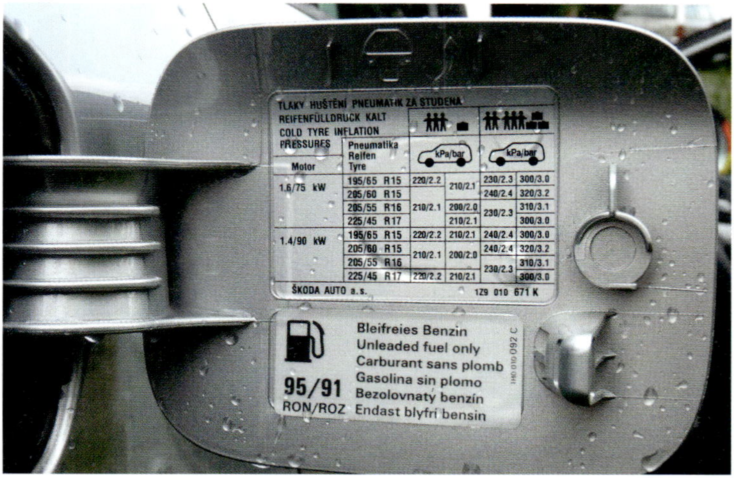

Abb. 49: Angabe des Reifendrucks in Tankdeckel

Psi und Bar ist ungefähr das Gleiche. Die tragbaren Füllgeräte auf Tankstellen haben einen Plus- und Minusknopf. Hier kann aufgefüllt oder abgelassen werden. Es lohnt sich ein Blick auf das TÜV-Siegel, oft sind die Geräte seit langem nicht geeicht, und man braucht sich nicht wundern, wenn plötzlich alle vier Reifen zu wenig Luft haben.
Auf großen gepflegten Tankstellen und Autohöfen findet man häufig digitale Geräte mit Befüllautomatik. Hier klemmt man den Aufsatz mit dem Verschluss auf das Ventil und tippt an der Füllstation den gewünschten Reifendruck ein. Nun macht das Gerät alles selber und piept, sobald es fertig ist.
Winterreifen sollte man mit circa 0,2 Bar mehr befüllen als Sommerreifen.

Vor ein paar Jahren versuchte man, Autofahrer davon zu überzeugen, dass es viel besser sei, Gas statt Luft in die Reifen zu füllen. Das Einzige, was besser daran ist, sind die schönen bunten Ventilkappen. Ansonsten gibt es keinen Grund für den zivilen Personenverkehr, statt 80 Prozent Stickstoff 100 Prozent Stickstoff in die Reifen zu füllen.

Handschuhe sind was für Warmduscher

»Damit habe ich nicht gerechnet.« Frau Bartelt schüttelte den Kopf. Sie war um die siebzig und machte mir auf den ersten Blick den Eindruck einer »gestandenen Frau«. Also eine, die so schnell nichts aus der Ruhe bringt. Doch dieser Platten hatte sie aus der Fassung gebracht, als sie mich am späten Abend, es war längst dunkel, in Langenargen am Bodensee begrüßte.

»Entschuldigen Sie, dass Sie wegen mir noch mal ausrücken mussten. Das ist mir total peinlich. Wegen einer Reifenpanne um Hilfe rufen! Ich habe jahrelang als Fahrlehrerin gearbeitet und anderen gezeigt, wie man Reifen wechselt. Ich habe nichts dagegen, wenn man sich mal die Finger schmutzig macht. Handschuhe – pah! Die brauch ich doch nicht. Das ist was für Warmduscher. Immer habe ich gepredigt, dass den Reifenwechsel jeder selber können muss. Da trennt sich die Spreu vom Weizen. Fahren ist ja keine Kunst. Aber das Gespür für den Verkehr, Gefahrensituationen, den Wagen. Und jetzt das mir. Der ist platt. Der ist wirklich platt, und ich habe das nicht gemerkt.«

»Aber Sie haben es doch gemerkt«, warf ich ein. »Außerdem ist ja noch ein bisschen Luft drin.«

»Zu spät habe ich es gemerkt! Erst beim Aussteigen!«

»Der Reifen ist noch drauf. So lange können Sie also nicht damit gefahren sein.« Ich erinnerte mich an die nackte Felge, die mir

einmal in einer Garage begegnet war. Die Fahrerin des Wagens hatte die Panne zwar bemerkt, wollte aber im Dunkeln nicht anhalten und war einfach weitergefahren. Bis nach Hause.
Frau Bartelt stemmte die Hände in die Seiten. »Und dann bekomme ich das Ersatzrad nicht raus. Das kann doch wohl nicht wahr sein!«
»Immerhin haben Sie eins dabei. Das ist doch das Wichtigste.«
»Ja! Aber bis ich das gefunden habe! Zuerst habe ich natürlich im Kofferraum geschaut. Da war nichts. Dann ist mir eingefallen, dass ich in der Werkstatt einmal gesehen habe, wie unter einem Auto ein Reifen befestigt wurde. Also habe ich mich drunter gelegt und festgestellt, dass er auch bei mir unter dem Kofferraum hängt. Aber wie kriege ich ihn raus?«
»Bei vielen Autos werden die Ersatzräder unter dem Kofferraum angebracht. Leider nimmt man bei dieser Konstruktion in Kauf, dass das Rad durch hochspritzendes Salz und Regen in kürzester Zeit arg in Mitleidenschaft gezogen wird. Das würde ja noch gehen, aber die Verschraubung, mit der das Rad gehalten wird, rostet innerhalb weniger Jahre so stark, dass man es nur noch mit grober Gewalt aufbringt. Wie alt ist Ihr kleiner Freund denn?«
»Fünf Jahre«, kam es wie aus der Pistole geschossen.
»Das ist doch kein Alter«, sagte ich und legte zuerst meine Matte und dann mich selbst unter den Peugeot. Wie zu erwarten, war die Halterung des Ersatzrades stark verrostet. Als erste Maßnahme sprühte ich *Maria Hilf,* wie ich meinen Rostlöser liebevoll nenne, darauf.
»Ein prima Ersatzrad«, stellte ich fest.
»Ist das denn nicht selbstverständlich? Ein Wagen muss doch vorbereitet sein auf eine eventuelle Reifenpanne!«
»Häufig komme ich zu Pannen, wo mir in der Reserveradmulde lediglich ein Reifenfüllset mit einem kleinen Kompressor angeboten wird.«

»Was soll man damit anfangen?«, wollte Frau Bartelt neugierig wissen.
»Die weiße Pampe aus der Plastikflasche wird über das Ventil in den Reifen gefüllt. Dadurch soll die Undichtigkeit im Reifen abgedichtet werden. Mit dem kleinen Kompressor, den man an den Zigarettenanzünder anschließt, kann man wieder Luft auffüllen.«
»Und wie weit kommt man mit so einem reparierten Reifen?«, fragte Frau Bartelt skeptisch.
»In den Fällen, zu denen ich gerufen werde, hat es nicht funktioniert. Meistens hat man stattdessen eine Sauerei auf der Straße, verschmierte Hände, und der Reifen ist immer noch platt. Zum Beispiel, weil die Undichtigkeit nicht durch einen eingetretenen Nagel entstanden ist, sondern, was viel häufiger vorkommt, man aus Unachtsamkeit gegen die Bordsteinkante gefahren ist und der Reifen dann an der Seitenwand aufriss.«
»Jawohl!« Frau Bartelt war in ihrem Element. »Das kommt oft vor, das weiß ich. Gerade beim Einparken.«
Ich nickte. »So einen Schaden kann man gar nicht flicken.«
»Aber warum machen die das dann?«
»Es ist billiger als ein Ersatzrad, nimmt weniger Platz weg und wiegt weniger. Um den Verbrauch des Fahrzeugs bei Tests niedrig zu halten, sind die Fahrzeughersteller zu allem bereit.«
Nachdem *Maria Hilf* sich entfaltet hatte, versuchte ich mit dem im Bordwerkzeug befindlichen Radschlüssel an der Schraube, die sich im Kofferraum in der Aussparung unter dem Teppich befand, die Halterung des Reserverades zu lösen. Ihren Unwillen quietschend und knarzend kundtuend, gab sie zögerlich nach.
Mit einem Hammer bewaffnet, legte ich mich erneut auf meine unbequeme, für den Einsatz am Hindukusch entwickelte Yogamatte und löste den Fanghaken des Käfigs, in dem das Ersatzrad interniert war. Ich schloss die Augen und genoss den rostigen Schauer, der auf mich niederbröselte. Dann klappte ich den Käfig

auf und zog das Ersatzrad heraus, als würde ich einen Ohnmächtigen aus langer Gefangenschaft unter unwürdigen Haftbedingungen bergen.
»Aha, so geht das!«, rief Frau Bartelt.
»Legen Sie bitte den ersten Gang ein und ziehen Sie die Handbremse an.«
»Das habe ich schon längst.«
»Natürlich.« Ich bockte den Peugeot mit meinem großen Wagenheber auf, um die Radschrauben zu lösen. Frau Bartelt reichte mir den Felgenschlüssel.
»Super«, sagte ich. »Den haben Sie griffbereit. Das ist ja heute ein richtiger Glückstag für mich!«
Frau Bartelt zwinkerte mir zu. »Und für mich erst!«
Oft werden Reifenpannen sehr kompliziert, weil das passende Werkzeug fehlt. Bei dem Wagen von Frau Bartelt war an jedem Rad ein Felgenschloss verbaut. Das ist eine besondere Schraube.

Abb. 50: (1) Felgenschloss und (2) Schlüssel

Um sie zu lösen, benötigt man den passenden Aufsatz. Viele wissen gar nicht, dass sie so etwas haben. Er kann sich beim Bordwerkzeug befinden, oft behält ihn auch die Werkstatt, die die Reifen eingelagert hat. Werde ich zu einer Panne gerufen, bei der der Felgenschlüssel verschwunden ist, kann ich manche Schlösser dennoch öffnen, wobei sie allerdings beschädigt werden. Für alle anderen heißt es: Hoch auf den gelben Wagen!

Notrad

Heute haben die meisten Autos kein vollwertiges Ersatzrad im Gepäck, sondern ein Notrad.
Es ist etwas kleiner und hat einen großen Aufkleber, auf dem gewarnt wird, dass man nicht schneller als 80 Stundenkilometer fahren darf. Gerade diejenigen, die noch Hunderte von Kilometern Weg vor sich haben, sind nicht erfreut über dieses »Schneckentempo«. Doch bei höheren Geschwindigkeiten würde sich durch die stärkere Erwärmung der Reifengummi auflösen. Wer mit einem Notrad eine weitere Strecke zurücklegen muss, sollte es bei Vorderradantrieb besser hinten montieren. Das ist zwar mehr Aufwand, wenn der Platten vorne war, aber es schont das Differenzial im Getriebe, und außerdem hängt einem nach 300 Kilometern Gegenlenken das Gesicht nicht schief.

Da Reifenpannen nur in seltenen Fällen zwischen Montag und Freitag zu den Öffnungszeiten von Werkstätten geschehen, kriechen die meisten dann also auf ihrem Notrad nach Hause. Manche halten das nicht für zumutbar. Dabei sind 80 Stundenkilometer eigentlich ganz schön schnell, allerdings wird man bei dieser Geschwindigkeit ständig von Lkw überholt, die nur 80 Stundenkilometer fahren dürfen.

Abb. 51: Notrad

Es gibt auch Zeitgenossen, die die Peinlichkeit nicht ertragen, in der sich die Optik ihres schnittigen Sportwagens durch eine solche Krücke verändert. Der Begriff »tiefer gelegt« erfährt eine ganz neue Dimension. Damit wollen sie nichts zu tun haben.

Für alle, die ihr Fahrzeug nicht verlassen wollen, auch nicht bei einem platten Reifen, gibt es inzwischen besondere Reifen, mit verstärkten Seitenwänden, mit denen man noch langsam weiterfahren kann, wenn der Reifen an akutem Luftmangel leidet. Diese sogenannten Runflat-Reifen sind nicht billig, und oft halten sie nicht, was sie versprechen, besonders, wenn sie auf schwere Fahrzeuge montiert sind.

Michelin bietet alternativ sogenannte Pax-Reifen an. Hier ist eine Gummilage auf der Felge angebracht, damit weitergefahren werden kann. Kann man diesem Frieden trauen? Man fährt besser, wenn man es nicht ausprobieren muss. Die Preise für solche Reifen und deren Montage können zu einem Gefühl der Flauheit nicht nur in der Magengegend führen – spätestens jetzt fällt die Entscheidung für einen Satz normale Räder und ein ordentliches Ersatzrad.

Nicht bei allen, aber bei einigen Fahrzeugmodellen kann man

optional statt eines Notrades gegen Aufpreis ein herkömmliches Ersatzrad wählen. Das hängt von der Größe der Reserveradmulde ab. Beim Neuwagenkauf sollte man dieses Thema gegebenenfalls ansprechen. Wer Wert auf Mobilität legt, sollte ein vollwertiges Ersatzrad an Bord haben.

Rat suchen – Rad finden!

Bevor angefangen wird, hektisch das kaputte Rad zu entfernen, sollte überprüft werden, ob ein Wagenheber, ein Radschlüssel, eventuell ein Felgenschlüssel und ein Reserverad vorhanden sind und genügend Luft im Ersatzreifen ist. Das geht mit der Fingernagelprobe: Stimmt der Druck ungefähr, lässt sich der Reifen nicht eindrücken, oder, für Profis: Unechte Nägel springen ab, echte knicken um.
Oft verlieren Reifen im Laufe der Jahre an Druck und sind ausgerechnet dann platt, wenn sie gebraucht werden.

Achtung: Wenn ein Auto mit einem Satz Sommerreifen auf Alufelgen und einem Satz Winterreifen auf Stahlreifen bestückt ist, kann es sein, dass für beide Sätze unterschiedliche Radschrauben verwendet werden müssen. Auch ein Ersatzrad kann auf einer anderen Felge montiert sein als die aktuelle Bereifung. Das sollte man stets bedenken und zu den jeweiligen Rädern die richtigen Schrauben im Gepäck haben.

Ist das Ersatzrad in Ordnung, wird es aus der Halterung gelöst. Im Kofferraum unter der Abdeckung ist es mit einer handtellergroßen Plastikschraube befestigt. Diese muss entgegen dem Uhrzeigersinn wie ein neues Marmeladenglas geöffnet werden – nicht auf den *Plopp* warten, der kommt nicht. Mit Handschuh oder Ge-

Abb. 52: Reserveradbefestigung Kofferraum

schirrtuch geht es einfacher, weil man nicht so leicht abrutscht und das Drehen angenehmer ist. Sobald die große Schraube abgenommen ist, kann das Rad herausgehoben werden.
Befindet sich das Reserverad unter dem Auto, gibt es innen im Kofferraum am Boden rechts oder in der Mitte nahe der Stoßstange eine Schraube, die das Rad von oben festhält. Mit dem Bordwerkzeug, das auch zum Reifenwechseln benutzt wird, kann diese Schraube gelöst werden. Sie muss nicht vollständig herausgeschraubt werden, sondern nur so weit, dass das Rad entnommen werden kann, circa 20 Umdrehungen.
Jetzt muss man sich unter das Auto legen – ade, weiße Hose, ade auch Jeans und dunkle Hose, alles wird saumäßig schmutzig, versprochen!
An dem Käfig, in dem sich das Rad befindet, sind ein bis zwei Haken nebeneinander befestigt, der eine wurde bereits mit der Schraube von oben gelockert, der andere ist der Fanghaken, der einfach so ausgehängt werden kann. Dazu muss das Rad mit einer Hand von

unten nach oben gedrückt werden, mit der anderen Hand können dann beide Haken ausgehängt werden. Nun kracht das Rad zu Boden und muss nur noch aus dem Käfig herausgezogen werden.

Nach diesem staubigen Vorspiel kommt es zum eigentlichen Höhepunkt.

Abb. 53: Ersatzrad unter dem Auto

Abb. 54: Schraube im Kofferraum

Um den Reifen zu wechseln, muss der Wagen aufgebockt werden. Auch wenn ein Wagenheber im Vergleich zum Auto sehr klein ist: Sie können ihm vertrauen, wenn Sie ihn korrekt plazieren.
Unter allen Autos befindet sich ein Blechfalz, der entlang des Fahrzeugbodens verläuft. Er lässt sich gut ertasten. Vorne und hinten am Falz sind Verstärkungen eingebaut, an denen der Wagenheber angesetzt werden soll. Die genaue Lage der verstärkten Stellen ist in der Bedienungsanleitung unter *Radwechsel* beschrieben. Am Wagenheber ist eine Aussparung, die genau oder fast genau an diesen verstärkten Falz passt. Durch Drehen der Kurbel wächst der Wagenheber und kann unter das Auto eingepasst werden. Sobald der Wagenheber unter Spannung steht, sollten die Finger herausgenommen werden, um Kollateralschäden zu vermeiden.

Abb. 55: Wagenheber ansetzen

Jetzt geht's los:

1 Handbremse anziehen und ersten Gang einlegen beziehungsweise Automatikhebel auf P stellen.

2 Wagenheber an der vorgesehenen markierten Stelle, circa 20 Zentimeter neben dem kaputten Reifen, unter dem Fahrzeug ansetzen.

3 Radschrauben öffnen. Bei Felgenschloss: Felgenschlüssel bereithalten. Meistens befindet sich auf dem Rad noch eine Zierblende, die abgehebelt werden muss. Ein Schraubenzieher ist hier hilfreich und schont die Fingernägel.

4 Die Radschrauben werden mit dem Radschlüssel geöffnet. Da sie im Allgemeinen zu fest angezogen sind, wird der Schlüssel auf die Schraube aufgesetzt, so dass er waagerecht steht und auf 9 Uhr zeigt. Nun kann man gut draufsteigen und -springen, während man sich oben mit den Händen an der Dachreling festhält. Die Erfahrung aus 1000 Radwechseln, die von Frauen durchgeführt wurden, zeigt, dass jede Frau jede Radschraube aufmachen kann.

Abb. 56: So nicht

5 Allein die Vorstellung von *Ich will!* – und wenn das nicht genügt: *Ich wiege jetzt sofort hundert Kilo, und einmal genieße ich das, jippi!* – während des Hüpfens erweicht jede noch so bockige Schraube. Atmen nicht vergessen! Luft anhalten schwächt.

Abb. 57: So geht's

6 Nachdem alle drei, vier oder fünf Radschrauben circa eine Umdrehung nachgegeben haben, wird das Auto auf dem Wagenheber hochgekurbelt, bis das Rad ungefähr 10 Zentimeter über dem Boden schwebt. Nun können die lockeren Schrauben herausgedreht werden, es sollte mit der Hand möglich sein. Dann wird das Rad abgenommen.
7 Das Ersatzrad wird auf die Radnabe gesetzt und so lange gedreht, bis sich die Löcher im Rad genau über den Löchern für die Schrauben befinden. Einen Fuß unten gegen den Reifen stellen, damit das Rad nicht von der Nabe kippt. Nun können die Radschrauben von Hand festgedreht werden.
8 Schrauben mit dem Radschlüssel gleichmäßig und über Kreuz festziehen.

Abb. 58: Radschrauben ansetzen

9 Wagenheber herunterkurbeln und zusammenklappen.

10 Abschließend den Radschlüssel auf jede Schraube setzen, und zwar auf 3 Uhr, und einmal draufsteigen.

11 Aufräumen. Wessen Ersatzrad unter dem Auto befestigt ist, spart sich die Mühen. Er oder sie hängt den Käfig einfach unbeladen in die beiden Haken ein und dreht nur die Schraube oben im Kofferraum wieder fest. Das defekte Rad kann man im Kofferraum zum Reparieren bringen. Fertig ist der Reifenwechsel – fast: Zum Glücksgefühl fehlt noch eine Dusche, eventuell auch ein Maniküretermin.

Alternativ dazu bieten Ihnen alle Automobilclubs die Möglichkeit, anderen dabei zuzuschauen. Scheuen Sie sich nicht, uns anzurufen. Wir haben die passende Kleidung für diesen Anlass.

Hoppelt wie Hase

Auf dem Highway Richtung Süden erwartete mich ein grüner Hyundai. Seine Angehörigen, ein Pärchen, machten einen sehr bedrückten Eindruck. Während der Fahrt hatte der Wagen angefangen zu hoppeln.

»Erst nur ein bisschen, dann wurde es immer mehr«, erklärte mir der Mann.

»Uns wurde immer unwohler«, ergänzte die Frau.

»Wir hofften, es wäre nur ein Platten, aber wie Sie sehen, haben alle Räder Luft. Wahrscheinlich ist ein Radlager kaputt?«, fragte er.

»Und jetzt ist Freitagnachmittag«, stellte sie fest. Ihre Stimme klang tränenerstickt.

Ich nahm das zur Kenntnis und holte meinen Wagenheber. Ich wollte mir die Räder und ihre Aufhängung genauer anschauen.

Während ich den Wagen aufbockte, telefonierte der Mann. Die Frau schaute mir nervös zu.

»Haben Sie einen dringenden Termin?«, fragte ich.

Sie lachte kurz auf. Fröhlich klang das nicht. »Wissen Sie, wir sind selbständig. Diese kleine Fahrt, vier Tage an den Gardasee, ist seit drei Jahren unser erster Urlaub. Und unser erstes Wochenende seit langem.«

Konzentriert untersuchte ich das linke Vorderrad und die Radaufhängung. Die Frau beugte sich zu mir. »Und?«

»Hier ist alles in Ordnung«, sagte ich.

Ich drehte und wackelte am Rad, um das Lager zu prüfen.

»Das Lager ist okay.«

»Toni, das Lager ist es nicht!«

Der Mann nickte und telefonierte weiter. Ich untersuchte das rechte Vorderrad. Als ich es anhob, bemerkte ich eine leichte Bewegung am Rad. Das durfte nicht sein. Hier war was locker.

»Es sind die Radschrauben«, sagte ich.
»Um Gottes willen!«, rief die Frau.
»Aber nein«, sagte ich froh. »Das ist gar nichts Schlimmes. Ich ziehe sie fest, und Sie können weiterfahren.«
»Toni! Es sind die Schrauben! Nur die Schrauben! Sie sagt, wir können weiterfahren!«
Der Mann beendete sein Telefonat.
»Nur die Schrauben?«, fragte er ungläubig. In seinem Gesicht ging die Sonne am Gardasee auf.
»Aber wir waren doch in der Werkstatt! Wir haben extra noch die Bremsen machen lassen.«
Ich nickte. »Genau. Dabei kann es vorkommen, dass in der Eile bei einem Rad vergessen wird, die Schrauben festzuziehen. Das passiert besonders gerne freitagmittags.«
Die Frau schluckte. »Dann haben wir richtig Glück gehabt?«
»Natürlich ist es sehr gefährlich, wenn man ein Rad während der Fahrt verliert. Für einen selber und für andere. Doch erfahrungsgemäß kündigt sich das deutlich an. Sie haben es ja auch gemerkt und sich richtig verhalten, indem Sie gleich angehalten haben.«
»Und jetzt können wir weiterfahren?«, fragte die Frau.
»Moment«, bremste ich. »Ich zieh noch schnell mit dem Drehmomentschlüssel die Schrauben an und kontrolliere die anderen Räder.«
Fünf Minuten später rollte der Hyundai, ohne zu hoppeln, gen Süden.

Sollten Sie auf den Geschmack gekommen sein und beabsichtigen, Ihre Sommer- und Winterreifen an einem sonnigen Samstagvormittag selbst zu wechseln, fahren Sie besser mit folgenden Tipps:

Laufrichtung

Wenn Sie einen Satz Reifen länger als eine Saison fahren, werden Sie feststellen, dass das Profil der Vorderreifen stärker abgenutzt ist als das der Hinterreifen. Das liegt daran, dass die meisten Autos Vorderradantrieb haben und durch das Durchrutschen beim Beschleunigen und Bremsen mehr Gummi auf der Straße lassen. Sie haben, so der Fachbegriff, einen größeren *Schlupf.* Bei einem Wagen mit Heckantrieb ist es umgekehrt.

Bei Vorderantrieb: Sofern das Profil aller Reifen insgesamt noch gut ist, können Sie die Vorderreifen für die nächste Saison auf die Hinterachse montieren, um den Verschleiß auszugleichen.

Bei Heckantrieb montieren Sie in einem solchen Fall die Hinterreifen auf die Vorderachse.

Dabei sollten Sie unbedingt beachten, dass Sie die Laufrichtung der Räder beibehalten. Ein Reifen, der mehrere tausend Kilometer in die eine Richtung gewalkt ist, stellt sich nur ungern um. Man kennt das: Ich mach das aber schon immer so!

Deshalb ist auf manchen Reifen die Laufrichtung in Form eines Pfeiles mit der Beschriftung *Rotation* angegeben (siehe auch Abb. 43).

Bei Reifen ohne Laufrichtungsvorgabe empfiehlt es sich, den Pfeil beim Abmontieren selbst zu zeichnen. Ich benutze hierfür Kreide oder ein beschriftetes Klebeband.

Achtung: Wenn Sie einen Reifen, der auf der linken Fahrzeugseite gelaufen ist, auf die rechte montieren, ändern Sie seine Laufrichtung. Deshalb müssen rechts montierte Räder auf der rechten und links montierte Räder auf der linken Seite bleiben.

Grantige Radschrauben

Sollten Sie beim Herausschrauben der Radschrauben merken, dass diese unwillig und schwergängig sind, können Sie sich zukünftig die Arbeit erleichtern, indem Sie das Gewinde vor dem Reinschrauben mit hitzebeständigem Fett (Kupferpaste oder Graphit) einschmieren. Verwenden Sie das Fett sparsam wie eine Gesichtscreme.

Wenn die Felge nach dem Hammer ruft

Besonders Alufelgen neigen dazu, sich im Lauf der Zeit mit der Radnabe zu verbinden. So kann es passieren, dass die Felge fest auf der Radnabe klebt und nicht runtergeht. Hier hilft leider nur Gewalt. Legen Sie ein Stück Holz an die Alufelge, um sie nicht zu beschädigen, und schlagen Sie mit einem großen Hammer von innen gegen die Felge. Sollte die Felge widerspenstig bleiben und auf ihrer Verwandtschaft zur zickigen Zierblende beharren, wählen Sie eine bewährte Telefonnummer.
Um solche Zeitfresser einzudämmen, können Sie die Radnabe vor der Radmontage sauber abbürsten und mit Kupferpaste einschmieren.

Pannen-Prophylaxe

Sie müssen nicht traurig sein, wenn die nächste Reifenpanne trotz Ihres innigen Wunsches, endlich liegen zu bleiben, auf sich warten lässt. Wie Sie die Zeit bis dahin überbrücken können: Machen Sie sich vertraut mit dem Aufenthaltsort Ihres Ersatzrades und überprüfen Sie, ob es schön prall ist. Wenn nicht: Beim nächsten

Tankstopp mit circa 3 Bar befüllen. Wäre doch schade, wenn bei all der Motivation, sobald es drauf ankommt, die Luft raus ist!

Survivalkit Räder und Reifen

Ein Reifenwechsel macht Freude, wenn folgendes Werkzeug griffbereit ist:

- Großer Schlitzschraubenzieher zum Abmontieren eventueller Radschraubenabdeckungen / Zierblenden
- Wagenheber
- Radschraubenschlüssel oder Radkreuz, eventuell Rohr zum Verlängern des Hebelweges
- Gegebenenfalls Felgenschlüssel
- Gegebenenfalls Radschrauben / Muttern für andere Felgen als diejenigen, die man aktuell fährt
- Arbeitshandschuhe
- Kupferpaste
- Energieriegel
- Handwaschpaste

STATT WERKELN: WERKELSTATT

Ärger und Ohnmacht – ein hochexplosives Gemisch

Für manche Menschen ist eine Werkstatt ein unheimlicher Ort. Bei dem Wort Werkstatt kriegt das Portemonnaie gleich Pickel. Man denkt an Rechnungen, die immer höher ausfallen als kalkuliert. Man versteht nicht, warum, will aber sein Auto wiederhaben, fühlt sich ohnmächtig und fährt mit einem schlechten Gefühl nach Hause. Zu allem Überfluss oder wie befürchtet ist das Auto eine Woche später erneut kaputt. Derselbe Fehler oder ein anderer. Man fühlt sich unfair behandelt und über den Tisch gezogen.

So erging es auch Herrn Rebers, den ich in Kempten traf. Vor einer Woche erst hatte er seinen Wagen aus der Werkstatt geholt, weil der Motor ruckelte und kein Gas annahm. Er hatte mehrere hundert Euro für die Reparatur bezahlt, und nun war der Fehler wieder aufgetreten. Herrn Rebers Aggregatzustand war brandgefährlich, Ärger und Ohnmacht ergaben ein hochexplosives Gemisch.

Mein Versuch, den Fehler genauer zu lokalisieren, scheiterte daran, dass der Motor plötzlich wieder ganz normal funktionierte.

»Das gibt's doch nicht!«, rief Herr Rebers.

»So was kommt oft vor«, tröstete ich ihn.

»Aber vorhin war der Fehler noch da!«

Ich nickte, um Herrn Rebers zu zeigen, dass ich ihm selbstverständlich glaubte und er sich nicht verteidigen brauchte.

Leider konnte ich aus den Fehlermeldungen in meinem Computer, mit dem ich das Fahrzeug verbunden hatte, keine klaren Schlüsse ziehen.

»Und für diesen Murks habe ich so viel Geld in der Werkstatt bezahlt!«, stieß Herr Rebers bitter hervor. »Das sind doch alles Betrüger und Halsabschneider!«

Da fühlte ich mich schon aufgerufen, die Ehre meines Berufsstandes zu retten. Als Herr Rebers mit der Reparaturrechnung, die er

aus dem Handschuhfach gerissen hatte, empört durch die Luft wedelte, bot ich ihm an, einmal einen Blick darauf zu werfen.
Er reichte sie mir. Nachdem ich sie gründlich gelesen hatte, konnte ich ihm mitteilen, dass ich alle aufgeführten Posten nachvollziehen konnte.
»Ausgewechselt wurde ein Luftmassenmesser. Das ist ein kleines elektronisches Bauteil, das häufig kaputtgeht und auch zu den von Ihnen beschriebenen Symptomen passt. Wenn dieser Fehler im Speicher so abgelegt war, ist es richtig, den Luftmassenmesser zu erneuern.«
»Aha«, machte Herr Rebers.
»Womöglich gibt es darüber hinaus irgendwo einen Wackelkontakt. Denn nach der Reparatur funktionierte das Auto ja wieder, wie Sie sagten. Die Rechnung erscheint mir plausibel.«
Das hochexplosive Gemisch verpuffte. Wie schön, wenn Engelrat so viel zählt!

Unter Freunden

Rechnungen von Kfz-Werkstätten sind nicht nach Lust und Laune ausgestellt. Alle Innungsbetriebe – man erkennt sie an dem blau-weißen Schild – richten sich nach vorgegebenen Werten für Reparaturen. Es gibt Listen, die für alle verbindlich sind. Darin ist für jedes einzelne Fahrzeugmodell festgelegt, wie viel Arbeitszeit für welche Reparatur verrechnet werden darf. Eine Arbeitsstunde wird in Arbeitswerte eingeteilt, zum Beispiel 10 AW à 6 Minuten. Fachwerkstätten, die an eine Marke gebunden sind, haben sich nach deren Vorgaben zu richten. Freie Werkstätten kalkulieren ihren Stundensatz selbst. Wie viele Arbeitsstunden für ein und dieselbe Reparatur verrechnet werden, ist überall gleich. Wie lange eine Reparatur in Wirklichkeit dauert, ist eine ganz andere Sache.

Wer schon mal was gebastelt hat, handwerklich oder am PC, weiß, dass der Teufel im Detail lauert und immer gern für Überraschungen sorgt. Bei besonders erschwerten Umständen, wenn zum Beispiel eine Reserveradhalterung zusammengerostet, das Gewinde einer Schraube der Getriebeaufhängung beschädigt ist oder sich Schrauben nicht mehr öffnen lassen, weil sie kopflos geworden sind, kann für den schwierigen Ausbau ein festgelegter Zuschlag berechnet werden, der auf der Rechnung extra ausgewiesen wird. Nennen wir die Werkstatt doch einfach Werkelstatt. Das klingt viel netter. Hier wird geschraubt, gemessen, gereinigt und gebastelt. Alles mit dem Ziel, Fehler erst zu finden und dann zu beheben. Niemand will Ihnen etwas Böses. Automechaniker fühlen sich in der Gesellschaft aufgeklappter Motorhauben wohl. Sie mögen Autos und wissen um ihre besonderen Eigenheiten im Innenleben. Sie besitzen Spezialwerkzeuge für bestimmte Reparaturen, um manche Arbeiten schneller oder überhaupt durchführen zu können.

Sie kennen sich aus, da sie sich ständig weiterbilden, weil jedes Jahr eine Vielzahl neuer Modelle mit veränderter Technik auf den Markt kommt. Ein Automechaniker muss nicht nur wissen, wie was funktioniert, sondern auch die einzelnen Reparaturschritte lernen. Automechaniker sind Neuem gegenüber aufgeschlossen. Von Berufs wegen.

Lösungsorientiert und immer gut gelaunt ist auch ein von mir sehr geschätzter Werkstattchef im schönen Legau, der sich noch selbst aufs Fahrrad schwingt, um einem Kunden eine Dichtung für 8 Euro aus dem Zubehörgeschäft zu besorgen: »Gern gscheh'n!«

Lob schmiert!

Wie fast alle Menschen möchten Automechaniker gerne helfen und gebraucht werden. Und wie andere auch möchten sie dafür mal Lob hören. Computeradministratoren, Mitarbeiter in Callcentern, Bahnpersonal und Kundendienstmeister werden aber selten gelobt. Sie müssen meistens geradestehen: für die Fehler anderer. Für solche des Autos, für die aus Kundensicht immer zu hohe Rechnung, für Herstellervorgaben und eventuelle Schäden, die der Lehrling, Geselle oder Werkstattmeister verursacht hat. Das ist ungesund, macht traurig und Bauchweh und müsste nicht sein.

Ist da noch eine Rechnung offen?

Aus jeder Rechnung geht genau hervor, was gemacht wurde. Der Werkstattmeister kann Ihnen erklären, warum es notwendig war. Am besten ist es, wenn vor der Reparatur besprochen wird, was die Sache voraussichtlich kosten wird.
Sollten sich während der OP Komplikationen ergeben oder beispielsweise bei einer Radlagerreparatur herausstellen, dass die Bremsen abgefahren sind, tut die Werkstatt besser daran, den Kunden anzurufen und die Lage zu schildern. Dann können Sie als nächster Angehöriger Ihres Autos entscheiden und fühlen sich nicht übergangen. Wie überall ist auch hier die Kommunikation das A und O. Was das betrifft, könnten viele von uns von CAN-Bus lernen.
Ich kenne das unangenehme Gefühl aus eigener Erfahrung, wenn Dinge repariert wurden, die ich nicht in Auftrag gegeben hatte, oder ich abends zur Werkstatt kam und der Wagen trotz anderslautender Absprache nicht fertig war. … Weil falsche Ersatzteile geliefert wurden oder der Mechaniker krank geworden war und

die Reparatur nicht abschließen konnte. Oder weil Ferienzeit ist und mit Notbesetzung gearbeitet wird. Kann man ja alles nachvollziehen, nur möchte man darüber informiert werden, bevor man extra und immerhin ohne Auto zur Werkstatt gepilgert ist.

Glück im Unglück: Garantie

Frau Thams biss sich auf die Lippen. Soeben hatte ich ihr die schlimme Nachricht überbracht, dass der Zahnriemen ihres Wagens zerfetzt war und weitere Teile des Motors mit in den Tod gerissen hatte. Frau Thams befand sich auf der Heimfahrt aus dem Urlaub und hatte noch ein Stückchen Weg vor sich. Die Erholung war dahin, und nach dem Urlaub ist die dicke Marie auch ganz schön ausgemergelt. Über Pannen und Versicherungsschutz hatte sich Frau Thams noch nie Gedanken gemacht. Wozu auch – ihr Wagen war kaum vier Jahre alt und scheckheftgepflegt.
Ich versuchte, meine Havaristin aus ihrer Erstarrung zu befreien, und erklärte ihr die Zusammenhänge, von denen sie eigentlich gar nichts wissen wollte. Sie war in einen Stand-by-Modus gewechselt und hoffte, dass alles nur ein böser Traum wäre. Für Katastrophen unter der Motorhaube hatte sie sich noch nie interessiert. Aber jetzt musste sie. Ich zeigte ihr die sterblichen Überreste ihres Zahnriemens. »Wann haben Sie denn den letzten Kundendienst gemacht?«
Sie zuckte mit den Schultern, riss sich dann aber tapfer zusammen und kramte im Handschuhfach nach Unterlagen.
»Vor drei Monaten.«
»Und wie viele Kilometer sind Sie seither gefahren?«
»Fast nichts.«
»Darf ich mal sehen?«, fragte ich und schaute mir die Unterlagen dann an. Schnell erkannte ich, dass Frau Thams im Besitz einer

gültigen Mobilitätsgarantie war. Und das Kundendienstheft stimmte nicht mit den Rechnungen überein, da fehlte ein Kreuz in der Spalte *Zahnriemen gewechselt.*

»Haben Sie die Werkstatt angewiesen, den Zahnriemen nicht zu wechseln?«, erkundigte ich mich dennoch.

Frau Thams schüttelte den Kopf. »Aber nein! Mit so was kenne ich mich nicht aus. Bis vor fünf Minuten wusste ich weder, dass es Zahnriemen gibt, noch, dass sie sich in Autos befinden. Ich nehme an, dass in der Werkstatt alles gemacht wurde, was gemacht werden muss.«

Ich nickte. Dazu gehörte der Zahnriemenwechsel. Also durfte er nicht reißen beziehungsweise fiel unter die Garantie.

Ich organisierte einen Leihwagen für Frau Thams, der ihr in diesem Fall zustand. Sie wurde immer munterer. Und als ich ihr die Fragen nannte, die sie der Werkstatt stellten sollte, schrieb sie mit zusammengekniffenen Augen konzentriert mit: Ist der Zahnriemen gewechselt worden? Wenn nein, warum nicht? Wenn ja, warum ist er jetzt gerissen? Besteht ein Garantieanspruch auf die letzte Reparatur? Oder wird die Reparatur im Rahmen einer Kulanz geregelt?

Diese Fragen stellt man im Falle eines Falles zuerst der Werkstatt, dann befragt man einen Anwalt des Automobilclubs und lässt sich die Rechtslage erklären. Die meisten Probleme lassen sich so regeln. Wenn es zu keiner Einigung kommt, was eigentlich nicht sein müsste, weil alle Werkstätten ein Interesse an einer gütlichen Lösung haben, kann man sich an die Schiedsstelle wenden.

Bundesweit gibt es 130 Kfz-Schiedsstellen. Seit 1970 wird hier fairer Verbraucherschutz praktiziert. 90 Prozent der Fälle enden gütlich – und für die Autofahrerinnen und Autofahrer kostenfrei. So versucht das deutsche Kraftfahrzeuggewerbe, eine außergerichtliche Beilegung von Streitigkeiten zwischen Autofahrern und Kfz-Betrieben zu erreichen. Dabei geht es nicht nur um Autoreparaturen, sondern auch um Gebrauchtwagenkauf.
Alle Meisterbetriebe der Kfz-Innungen erkennen den Schiedsspruch als verbindlich an. Der Autofahrer ist daran nicht gebunden. Es steht ihm frei, nach einem Schiedsspruch, der ihm nicht gefällt, ein ordentliches Gericht anzurufen.
Geht man von circa 70 Millionen Aufträgen in circa 40 000 Kfz-Meisterbetrieben aus, ist die Zahl der Schiedsverfahren mit 12 000 jährlich sehr gering.
Die Schiedsstellenkommission setzt sich zusammen aus einem zum Richteramt befähigten Vorsitzenden, einem Vertreter des Kfz-Gewerbes, einem Vertreter des ADAC sowie einem öffentlich bestellten und vereidigten Kfz-Sachverständigen. Bei Streitigkeiten um Reparaturaufträge kommt ein Sachverständiger von einer Prüforganisation wie Dekra, GTÜ, KÜS oder TÜV dazu. Ziel ist es, die Interessen sowohl des Handwerks als auch der Verbraucher gleichermaßen zu berücksichtigen. Die Existenz der Schiedsstellen ist vielen Autofahrerinnen und Autofahrern unbekannt. Auch Bürger aus andern EU-Staaten können bei Streitigkeiten mit deutschen Autowerkstätten die Kfz-Schiedsstelle anrufen.
Die geringe Zahl der Streitfälle zeigt, dass viele Werkstätten doch eher Werkelstätten sind. Die Zusammenarbeit mit ihnen kann gefördert werden durch eine klare Kommunikation: eindeutige Auftragserteilung, sich erklären lassen, was genau gemacht werden

muss, und die Rechnung bei Fragen aufschlüsseln lassen. Für ein gutes Klima sorgt ein Lob, wenn Autos und Angehörige zufrieden sind – und vom Trinkgeld wird das Werkstattfest ausgerichtet.

Wohl fühlen in der Werkelstatt

Auch ich gebe meinen Fuhrpark manchmal in die Werkelstatt.
Es gibt Reparaturen, die mache ich selber, weil ich sie gerne mache oder weil ich finde, das Geld kann ich mir sparen, wenn ich meine eigene Zeit zur Verfügung stelle. Es gibt aber auch Reparaturen, die lasse ich im Autotreff Isny machen. Wichtig ist es, den richtigen Hausarzt für Ihr Auto zu finden. Das muss nicht der billigste Billigheimer sein und nicht die teure, große Markenwerkstatt, die an eine Uniklinik erinnert, sowohl was die Sauberkeit des OP als auch die Kittel der Mitarbeiter betrifft. Entscheidend ist, dass Sie sich in Ihrer Werkelstatt wohl fühlen.
Seit ich wieder auf dem Land lebe, erkenne ich die Unterschiede in der Auslegung des Dienstleistungsgedankens sehr deutlich. Die einen fahren ihre Kunden nach Hause und bringen das reparierte Auto vorbei, die anderen stellen zum Selbstkostenpreis einen Leihwagen für die Dauer der Reparatur zur Verfügung – weil es keine öffentlichen Verkehrsmittel in der Nähe gibt und sie sich in die Situation des Kunden hineinversetzen. Deshalb ist es in solchen Werkelstätten auch möglich, mal eben schnell den Frostschutz prüfen zu lassen oder eine Glühbirne gewechselt zu bekommen. Wenn Ihr Fahrzeug plötzlich kaputtgeht, ist dort jemand bereit, abends länger zu arbeiten, damit Sie morgens wieder mobil sind. In anderen braucht man dafür einen Termin. Frühestens ab Ende nächster Woche.
Ich persönlich bin bei guter Betreuung auch mal bereit, im Einzelfall etwas mehr zu zahlen als bei der bekannten Werkstattkette in

der großen Stadt, von der fälschlich behauptet wird, sie sei immer billiger als andere. Manche Menschen fühlen sich in einem Showroom mit den neuesten Modellen, bunten Snacks und Prosecco wohl. Ich meine: Hauptsache, der Service und der Kaffee stimmen, darauf kommt es an. Und auf das Wohlgefühl in der Werkelstatt. Übrigens muss niemand sein Auto dort reparieren lassen, wo er es gekauft hat.

Sehr sympathisch finde ich die kleinen Familienbetriebe, wo alle mithelfen wie in einem italienischen Restaurant. Leider werden die immer seltener. Ich kenne eine Fiat-Werkstatt im Fünfseenland, in der seit 65 Jahren die Oma das Büro macht. Mittlerweile über 90 Jahre alt, schreibt sie die Rechnungen noch immer mit Durchschlag, auf einer Schreibmaschine, die auch im Museum eine gute Figur machen würde, und in einem Tempo, das viele Tastaturverwöhnte alt aussehen lässt. Auch die Terminplanung hat sie fest im Griff. Dass hier keiner zu spät kommt, versteht sich von selbst. Auch, dass Milde geübt wird, falls doch. Die Kommunikationswege sind kurz. Aus dem Büro kann man in die Werkstatt hinüberrufen. Das wird gern genutzt und verbreitet noch mehr italienisches Flair. Hier fühle ich mich wohl, auch wenn kein Kaffeeautomat im nicht vorhandenen Foyer steht. Aber montags gibt es Kuchen vom Sonntag. Noch immer backt die alte Dame selbst, und was nicht gegessen wird, kriegen die Kunden. Ich weiß nicht, ob sie das Wort Kundenbindung oder Akquise jemals gehört hat. Mich hat sie jedenfalls gekriegt. Mit dem Kuchen, der Schreibmaschine – und in ihren Rechnungen gibt es keine Fehler. Weder Tipp- noch andere.
Wer eine Werkelstatt seines Vertrauens gefunden hat, ist glücklich zu schätzen. Es ist ein gutes Gefühl, seine Schutzbefohlenen in den besten Händen zu wissen. Und wenn unterwegs was passiert … ja – dann sind wir für Sie da.

Und in der Zeit, in der Sie auf uns warten, hilft Ihnen Folgendes:

- Taschenlampe mit LEDs
- Pannen-App am Handy
- Warme Decke
- Lesestoff
- 12-Volt-Kabel für Handy
- Humor und Zuversicht

ANHANG

Zu guter Letzt

Einen allgemeingültigen Autoratgeber zu schreiben, ist ein Himmelfahrtskommando. Was ist allgemein? Was sind erwähnenswerte Ausnahmen? Die Zahl derjenigen, die sagen: Ja, genau so ist das bei meinem Auto, ist vermutlich genauso groß wie die Zahl derer, die feststellen: Meiner ist ganz anders!

So geht es uns Gelben Engeln Tag für Tag. Bei jedem Modell müssen auch wir wieder schauen: Wo ist was?

Ich habe es trotzdem gewagt, weil ich nicht zum Perfektionismus neige. Es ist mir bewusst, wie angreifbar ich mich damit mache. Aber ich bin überzeugt davon, dass das Wissen um die Zusammenhänge übertragen werden kann auf den Einzelfall, der auf den ersten Blick anders ausschauen mag. Staunen schadet nicht, und das Leben ist voller Überraschungen.

Kurz: Ich bitte um Nachsicht – und wünsche Ihnen allzeit gute Fahrt!

Ihre Susa Bobke

Danksagung

Mein herzlicher Dank gebührt

Mona für langen Atem und leckere Speisen
Herrn Moll für immer gute Laune
Karola und Franz für Moll bei Laune halten
Solveig für die Verwaltung meines Pressebüros
Hartmut fürs Vorlesen
Ernst für Rotling und technische Korrekturen
Margit für Ideen und unerschütterliches Wissen
Mona für die Recherche im technischen Wunderland
Klaus für den Dienstplan
Corinna für das todschicke Netzwerkupgrade
Steffi, Jasmin und Markus von Knaur für ihre Hilfe bei der Umsetzung
Matthias für die verschmähte Prinzessin
Der ADAC-Pressestelle für die Bereitstellung von Abbildungen
Der lieben Shirley für die straffe Führung
Und folgenden Autos für ihr uneitles Stillhalten beim Fotografieren: Outback, Twingo, Fabia, Focus, Panda, Duster, Dreier, Zafira, C1, Scenic, Caddy, T4, Golf III, Berlingo und 2 Oktaven.

Register

Susa Bobke

MÄNNER SIND ANDERS. AUTOS AUCH.

Meine Erlebnisse als Gelber Engel

»Das ist das Auto meiner Frau!« – Mit diesem Satz wird Susa Bobke bei ihren Einsätzen häufig begrüßt. Natürlich nur von Männern, denn die lernt sie als weiblicher Pannenhelfer von einer Seite kennen, die anderen Frauen verborgen bleibt. Auch sonst erlebt Susa Bobke bei ihrer täglichen Arbeit auf der Standspur kuriose, haarsträubende und manchmal auch berührende Szenen: von verzweifelten Menschen, die auf dem Weg zum Bewerbungsgespräch liegenbleiben, über streitende Paare, die angesichts eines leeren Tanks ihre Trennung beschließen, bis hin zu den kreativsten Ausreden von Männern mit Autopannen. Susa Bobke trifft Menschen in Extremsituationen – und lädt ein zu einem unterhaltsamen Blick unter die Motorhaube.

Knaur Taschenbuch Verlag